上海大学出版社

2005年上海大学博士学位论文 17

新型油溶性有机金属盐化合物与纳米金属粒子的制备及其摩擦学特性研究

● 作 者： 刘 仁 德

● 专 业： 机 械 设 计 与 理 论

● 导 师： 陶 德 华　赵　源

2005年上海大学博士学位论文 17

新型油溶性有机金属盐化合物与纳米金属粒子的制备及其摩擦学特性研究

作　者：刘仁德
专　业：机械设计与理论
导　师：陶德华　赵　源

上海大学出版社
·上海·

Shanghai University Doctoral
Dissertation (2005)

Preparations and Tribological Properties of Novel Oil Soluble Organo-Metal Compounds and Nano-Metal Particles

Candidate: Liu Ren-de
Major: Mechanical Design and Theory
Supervisor: Prof. Tao De-hua
Prof. Zhao Yuan

Shanghai University Press
· Shanghai ·

上海大学

本论文经答辩委员会全体委员审查，确认符合上海大学博士学位论文质量要求.

答辩委员会名单：

主任：	陈绍洲	教授，上海市石油化工学会	200237
委员：	王成焘	教授，上海交大机械工程学院	200030
	翁惠新	教授，华东理工大学化工学院	200237
	胡勤裕	教授，上海市香料研究所	200237
	黄湘泰	教授级高工，上海市材料研究所	200437
	万年红	教授级高工，宝钢工业检测公司	201900
	吴振宝	教授级高工，宝钢工业检测公司	201900
导师：	陶德华	教授，上海大学机自学院	200072
	赵　源	教授，武汉材料保护研究所	430030

评阅人名单：

李　健	教授，武汉材料保护研究所	430030
萧汉梁	教授，武汉理工大学	430063
陈绍洲	教授，上海市石油化工学会	200237

评议人名单：

沈本贤	教授，华东理工大学化工学院	200237
陈龙武	教授，同济大学化学系	200092
高晋生	教授，华东理工大学化工学院	200237
张国贤	教授，上海大学机自学院	200072

答辩委员会对论文的评语

刘仁德同学的博士学位论文“新型油溶性有机金属盐化合物与纳米金属粒子的制备及其摩擦学特性研究”从如何提高现有有机金属盐类润滑添加剂的摩擦学性能、提高油溶性以及降低对环境的污染出发，首次开拓了以微乳化化学还原法成功地制备出粒径小于 10 nm 的金属粒子(包括纳米稀土、纳米铜和纳米铅)的技术及其抗磨剂，并开拓了油溶性烷基水杨酸稀土、环烷酸亚锡等抗磨添加剂的合成方法，系统地考察了它们的摩擦学性能和摩擦化学反应机理，取得了具有理论意义与工程应用价值的创新性成果.

所研制的表面修饰纳米金属粒子的有机团粒径均在 40 nm以下，其中金属核的粒径在 10 nm 以下，它们在基础油中呈透明状液体，有极好的油溶性和分散性，其在苯、甲苯等有机溶剂中也有良好的分散性和分散稳定性.

表面修饰纳米稀土添加剂具有优异的摩擦学性能.采用纳米稀土添加剂试制出一种新型的不含硫、磷元素的、有良好抗磨减磨性能的环保发动机油，具有良好的应用前景.

能谱分析显示纳米稀土在边界润滑条件下促进了摩擦表面的氧化反应，摩擦表面形成的厚度超过 24 nm 的混合反应膜是其具有优良摩擦学性能的主要原因.研究成果具有重要的学术意义.

论文立论正确，条理清楚，文笔流畅，结论可信，表明作者在本学科上掌握了坚实宽广的基础理论知识和系统深入的专业知识，并已具有较强的独立从事科学研究工作的能力.

在答辩过程中，刘仁德同学叙述清楚，逻辑性较强，能正确回答专家提出的问题.

答辩委员会表决结果

经答辩委员会7名委员投票表决,以7票赞成,0票反对,一致认为刘仁德同学的博士学位论文及答辩达到博士学位要求,一致通过论文答辩,并建议授予工学博士学位.

答辩委员会主席：**陈绍洲**

2004年12月29日

答辩委员会表决结果

经答辩委员会表决,全票同意通过刘仁德同学的博士学位论文答辩,建议授予工学博士学位.

答辩委员会主席：**席裕庚**

2004年4月28日

摘　要

鉴于不含硫、磷元素的有机金属盐抗磨剂具有独特的摩擦学性能，开发高效的、环境友好的、油溶性有机金属盐类润滑添加剂越来越引起人们的重视．本论文对一系列油溶性有机羧酸金属盐（如环烷酸的稀土、锡、锌、镍、锰、钴、铅和铜盐及油酸亚锡、烷基水杨酸稀土等）的摩擦学特性进行了考察．研究表明它们大多具有良好的摩擦学性能，且稀土和锡盐之间具有摩擦学协同效应．通过能谱分析探讨了摩擦表面上的金属氧化物和还原金属对摩擦化学的作用机理．分析结果表明这些盐类在摩擦过程中的分解产物绝大部分为金属氧化物，而单质金属很难发现．为了进一步提高添加剂性能，并考察单质金属在摩擦过程中的真实贡献，文章以微乳化化学还原法成功地制备出表面修饰纳米金属粒子（包括纳米稀土、纳米铜和纳米铅），并考察了它们的摩擦学性能与作用机理．此外，还对纳米稀土作为新型环保发动机油添加剂的应用前景进行了初步探讨．

所研制的表面修饰纳米金属粒子的团粒径均在 40 nm 以下，其中金属核的粒径在 10 nm 以下，它们在基础油中呈透明状液体，有极好的油溶性和分散稳定性，在苯、甲苯等有机溶剂中有良好的分散性和分散稳定性．

纳米稀土添加剂具有优异的摩擦学性能．其最佳添加量为 3.0%，此时最大无卡咬负荷（$P_{\mathrm{B}}=647\ \mathrm{N}$）是基础油的 3.30 倍，磨斑直径（$D_{30\ \min}^{294N}=0.29\ \mathrm{mm}$）为基础油的 45.3%，摩擦系数是基础油的87.5%.且它具有比二烷基二硫代磷酸锌(ZDDP)和环烷酸稀土(REN)更加优良的抗磨能力.在196、294、392和490 N载荷条件下,纳米稀土的抗磨性能分别为ZDDP的1.24、1.52、1.37和1.15倍.能谱分析显示纳米稀土在边界润滑条件下促进了摩擦表面的氧化反应,其润滑保护膜中除了纳米单质稀土沉积膜外,还存在有因摩擦化学反应而生成的高价态铁的氧化物(主要为Fe_3O_4和Fe_2O_3)和稀土氧化物所组成的化学反应膜,这种厚度甚至超过24 nm的复杂保护膜的出现是其具有优良摩擦学性能的主要原因.

采用纳米稀土添加剂试制出一种新型的不含硫、磷元素的环保发动机油,对其摩擦学性能和高温氧化安定性进行了初步的实验室考察,结果表明其抗磨和减磨性能明显优于市售成品油,其高温氧化安定性也达到了SF级发动机油的要求.

表面修饰纳米铜和纳米铅添加剂也具有一定的抗磨和极压性能.它们的抗磨能力与相应有机羧酸金属盐的基本相当,但承载能力更高.能谱分析显示,纳米铜和纳米铅添加剂在边界润滑下形成的一层厚度为10～13 nm含单质金属的沉积膜是其具有良好摩擦学性能的主要原因.

文章还开拓了油溶性烷基水杨酸稀土、环烷酸亚锡和油酸亚锡的合成方法,并考察了它们的摩擦学性能和摩擦化学作用机理.

烷基水杨酸稀土也有很好的摩擦学性能.当添加剂的质量分数为4.0%时,其磨斑直径($D_{30\,\mathrm{min}}^{294N}=0.31$ mm)为基础油的48.4%,承载能力($P_B=598$ N)为基础油的3.05倍,摩擦系数是基础油的78.0%.在所选择的试验载荷范围内,烷基水杨酸稀土的抗磨性能比 ZDDP 的要好得多. 在 196、294、392 和 490 N 载荷条件下,烷基水杨酸稀土的磨斑直径分别是 ZDDP 的 87.1%、70.5%、61.5%和 46.7%. 能谱分析显示,在边界润滑条件下,有机羧酸稀土在摩擦表面上形成了主要由有机羧酸皂类、铁的氧化物、稀土氧化物和稀土组成的边界膜,但其中氧的含量明显低于纳米稀土添加剂润滑下摩擦表面中氧的含量,这种富稀土边界润滑膜是其具有很好的摩擦学性能的主要原因.

合成的油酸亚锡和环烷酸亚锡也具有较好的极压抗磨性能和一定的减磨能力. 能谱分析表明,在摩擦过程中,有机羧酸亚锡在摩擦表面形成了含锡边界润滑膜,其中锡元素以锡的氧化物的形态存在,铁元素以铁的氧化物和有机金属盐化合物形式存在,它们的综合作用使得有机锡化合物具有良好的摩擦学性能.

论文还发现环烷酸亚锡和环烷酸稀土在抗磨和减磨性能方面均存在明显的协同效应. 在 196～549 N 的载荷范围内,二者复配后的抗磨和减磨性能明显提高. 能谱分析显示,在边界润滑条件下,有机稀土和有机锡化合物的复配物在摩擦表面上形成了由有机羧酸皂类、铁的氧化物、稀土、稀土氧化物和锡的氧化物组成的化学反应膜. 稀土和锡之间存在的合金效应可能是有机稀土与有机锡化合物具有协同效应的主要原因.

所制备的含稀土和锡的复合添加剂 RES2 有良好的油溶性和摩擦学性能. 当 RES2 的质量分数为 3.0%时,其磨斑直径($D_{30\,\mathrm{min}}^{294N}=0.31$ mm)比基础油的下降了 51.6%,摩擦系数为基础油的 74.1%,而承载能力($P_\mathrm{B}=745$ N)则是基础油的 3.80

倍.与 ZDDP 相比,添加了 RES2 的润滑油具有更好的抗磨性能.在 549 N 载荷条件下,RES2 的磨斑直径仅为 ZDDP 的 52.2%.

关键词 润滑添加剂,摩擦学特性,机理,稀土,有机锡,纳米材料

Abstract

Since sulfur/phosphorus-free organo-metal compounds own particular tribological properties, it is an increasing tendency for scientists to develop oil-soluble, environmentally friendly and high effective lubrication additives. The tribological behaviors of a series of oil-soluble organo-metal salts, such as rare-earth naphthenate (REN), rare-earth alkylsalicylate (REA), stannous naphthenate (SN), stannous oleate (SO), zinc naphthenate, nickle naphthenate, manganese naphthenate, cobalt naphthenate, lead naphthenate and copper naphthenate, are invested in this paper. Analytical results show that most of them possess good tribological properties and there are synergistic effects between orgno rare-earth and orgno-tin compounds. Auger electron spectrum (AES) ans X-ray photoelectron spectrum (XPS) analyses are used to study the contributions of metal oxides and elementary metals produced on the rubbed surface. It is found that most of the decompounded products of organo-metal additives are metal oxides during the friction and wear process. In order to improve the tribological effects of such additives and invest the contribution of elementary metals in the friction process, surface modified nano-metal particles, such as nano rare-earth, nano-copper and nano-lead, are prepared through micro-emulsification chemical reduce method, and their tribological characteristics and mechanisms are studied in this paper. Furthermore, the foreground of nano rare-earth used as an additive of novel environmentally acceptable engine oil are evaluated too.

The diameters of surface-modified nano-metal particles are below 40 nm, and the sizes of elementary metal nucleus of the particles are less than 10 nm. They show excellent oil-solubilities and good dispersibilities in organic solvents such as benzene and toluene.

Surface modified nano rare-earth additive exhibits excellent tribological properties in white oil. When the concentration of the additive is 3.0%, its load-carrying capability (P_B = 647 N) increases to 3.30 times that of base stock, and its wear scar diameter (WSD, $D_{30\ \min}^{294N}$ = 0.29 mm) value and friction coefficient reduce to 45.3% and 87.5% that of base stock respectively. It exhibits better anti-wear capability than that of zinc dialkyldithiophosphate (ZDDP) and REN. At the load of 196, 294, 392 and 490 N, the anti-wear capability of nano rare-earth additive is 1.24, 1.52, 1.37 and 1.15 times that of ZDDP respectively. Surface analysis of worn scar indicates that nano rare-earth can accelerate the oxydation of the metal surface during the friction process. It is found that there are not only nano rare-earth particles but also rare-earth oxides and ferreous oxides composed mainly by Fe_3O_4 and Fe_2O_3 on the rubbed surface. The main reason of the excellent tribological performance of nano rare-earth additive attributes to the formation of such a complicated protection film that is even more than 24 nanometers in depth.

Novel environmentally friendly engine oil with sulfur and phosphorus free is trial manufactured by using nano rare-earth as anti-wear additive, and its tribological behavior and oxidation stability are also invested in this paper. The experimental results show that its anti-wear and firction-reducing capabilities and oxidation stablility in high temperature are better than those of commercial products.

Surface modified nano-copper and nano-lead additives also show certain anti-wear and load-carrying capacities. Their anti-wear capabilities are as good as that of corresponding organo metal salts, while their load-carrying capabilities are better. Surface analysis finds that there is a deposit elementary metal film that is 10～13 nm in depth formed on the worn surface under the boundary lubrication condition, which is the main reason to their good tribological properties.

Oil soluble rare-earth alkylsalicylate, stannous naphthenate and stannous oleate are synthesized for the first time, and their tribological performances and tribochemistry reaction mechanisms are also invested in this paper.

Rare-earth alkylsalicylate exhibits excellent load-carrying and anti-wear capabilities and good friction-reducing capability. When its concentration is 4.0%, its WSD value ($D_{30\ min}^{294N}=0.31mm$) and friction coefficient reduce to 48.4%

and 78.0% that of base oil respectively, and its load-carrying capability (P_B = 598 N) increases to 3.05 times that of base oil. Compared with ZDDP, rare-earth alkylsalicylate shows better anti-wear effect under the selected range of loads. At the load of 196, 294, 392 and 490 N, the WSD value of rare-earth alkylsalicylate is 87.1%, 70.5%, 61.5% and 46.7% that of ZDDP respectively.

Analyses of AES and XPS show that there is a boundary film formed by organo metals, ferrous oxides, rare-earth oxides and elementary rare-earth on the worn surface. But the concentration of oxygen element in the friction surface lubricated by organo rare-earth is far less than that lubricated by nano rare-earth additive. Such a rare-earth enrichment lubrication film is the main reason of good tribological performance of organo rare-earth compound.

Both stannous oleate and stannous naphthenate show good load-carrying, anti-wear and friction-reducing capabilities under moderate and low load. Analytical results of worn scar surfaces indicate that there is a boundary lubricating film containing Sn and Fe elements formed on the rubbed surface. And Sn element exists as SnO and SnO_2 while the Fe element exists as ferreous oxides and organo-ferreous in the boundary film. It is their combined effects that lead to the good tribological performance of organo-tin compounds.

Analytical results show that there are lubrication synergisms existed in the anti-wear and friction-reducing capabilities between stannous naphthenate and rare-earth naphthenate. In the load range of 196～549 N, the WSD value and friction coefficient of the complex of rare-earth naphthenate and stannous naphthenate are less than that of lubricant containing only rare-earth naphthenate or stannous naphthenate. Analytical results of AES and XPS indicate that there is a boundary lubricating film containing organo-metal, ferreous oxides, rare-earth oxides, rare-earth and tin oxides formed on the friction surface. The alloy effect between rare-earth and tin may be the main reason of the synergistic effect of organo rare-earth and organo-tin compounds.

There are good oil solubility and excellent tribological properties in the combined additive RES2 containing rare-earth and tin. When the concentration of RES2 is 3.0%, its WSD value ($D^{294N}_{30\ \min} = 0.31$ mm) and friction coefficient reduce to 51.6% and 74.1% that of base stock respectively, and load-carrying capability ($P_B = 745$ N) increases to 3.8 times that of base stock. Compared with ZDDP, the lubricant containing RES2 exhibits better anti-wear capability, especially when the load is relative high. At the load of 549 N, the WSD value of RES2 is 52.2% that of ZDDP.

Key words lubrication additive, tribological property, mechanism, rare-earth, organo-tin, nano-material

目　录

第一章　绪　论

1.1　引言

摩擦学是研究相对运动的相互作用表面的有关理论和实践的一门科学与技术[1]，换而言之，就是研究作相对运动表面的摩擦、磨损和润滑这三项相关联的科学与技术的总称．摩擦学原理及研究成果被广泛应用于机械产品的研究、设计、生产和使用过程中，对于提高机械产品的技术水平和经济效益具有非常重要的意义．

摩擦过程，其实质就是能量的消耗过程．据估计，由于摩擦而损失了世界能源的 50％～70％[2]，另据美国有关机构统计[3,4]，世界上 30％的能源损耗是由于摩擦引起的，其中的 50％可以靠润滑剂的选用找回来．美国 1976 年花在摩擦学研究和发展方面的费用为 2 400 万美元，而总节约能源为全年能源的 11％，大约相当于 1 600 亿美元．从 1996 年英国的调查报告发表以来，许多国家对有效利用摩擦学知识可能带来的经济效益进行了再调查，多数结果表明可占国民经济总产值的 1.1％～1.8％，摩擦学领域的投资与可能取得的效益之比是 1∶30～1∶76，平均为 1∶50，也就是说，如果一次性投资 100 万元，则两年之后，每年平均可节约 5 000 万元[5,6]．

摩擦导致的磨损是材料报废的主要形式之一．机械设备最常见的失效大都是磨损和润滑不良引起的．据估计，80％的机器失效是由于零部件的磨损引起的．另据加拿大有关机构统计，加拿大每年由于摩擦、磨损引起的损耗达 50 亿加元，而通过摩擦学的研究成果的应用可挽回其中 1/3 的损失[7]．

润滑及润滑剂在减小摩擦、降低磨损方面具有十分重要的地位．

而添加剂已成为提高油品使用性能的重要手段，特别是在1973年世界能源危机以来，各国都对薄油膜节能剂进行了大力开发，各国使用节能剂已经占润滑剂总量的一半以上，这其中润滑油添加剂是关键所在．现代润滑油的使用性能在很大程度上已不取决于原油的基本性能，而依赖于其中所使用的润滑添加剂的性能．高性能的添加剂的研制和开发在摩擦、磨损与润滑中占据重要地位，对国民经济具有十分重要的意义．

摩擦化学是介于摩擦学和化学之间的科学，它主要研究摩擦时的化学变化，不同于纯化学之处在于它主要讨论激发态的固体所引起的化学变化．因为在摩擦条件下，固体发生变形、晶格缺陷、产生高温、放出外逸电子和晶格组分、表面带有电荷等等变化，从而处于所谓的激发态，不同于一般状态下的固体，远较一般状态下的固体活泼，它所引起的化学反应在反应速度和反应方向上都与一般状态下的固体不同，这就构成了摩擦化学的特点．

摩擦化学属于在机械作用影响下进行的化学反应．机械作用在一定条件下能够影响反应的活化能、反应方向、反应速率、动力学级数、局部温度等等，已经逐步被人们认识，从而产生了摩擦化学．润滑剂在摩擦副中工作，也即在两个相对运动的固体之间工作，在某些条件下固体发生接触时受到“激发”，从而影响润滑剂中活性物质发生反应，这些反应常常跟生成润滑膜有关，所以从摩擦化学的角度、研究润滑剂在工作中的化学反应逐渐被人们所认识．

1.2 极压抗磨添加剂研究进展

1.2.1 概况

在边界润滑条件下，减少部件之间的摩擦磨损，防止烧结，从而提高机械效率，减少能源消耗，延长机械使用寿命，可以采用极压抗磨添加剂．常用的极压抗磨剂有：含氯极压抗磨剂、含硫极压抗磨剂、含磷极压抗磨剂、硼酸盐极压抗磨剂和有机金属盐极压抗磨剂等．此外,随着纳米技术的飞速发展,纳米颗粒作为润滑极压抗磨剂的研究报道也逐渐增多,并已形成新的研究热点.

1.2.2 极压抗磨剂的发展趋势

为适应机械和润滑油工业的发展,极压抗磨剂在品种和质量上有较大的发展.总体来说,将呈现如下趋势[8]:

(1) 多元化

为最大限度地满足各类机械对润滑油各种性能的要求,将不断有新的极压抗磨剂品种问世,从而使品种继续朝多元化方向发展.

(2) 高效化

随着齿轮等机械的工作条件越来越苛刻,极压抗磨剂的加入量也随之增大,这既增加了成本,浪费了资源,又可能增大对设备的腐蚀,并有可能对与之配伍的添加剂产生毒害,使润滑油性能下降.此外,添加剂的大量使用还会增大对环境的污染.因此,性能高效化、环境友好的极压抗磨剂的研究将是一个重要的发展趋势,这也是我国与西方发达国家在这方面的差距之一.

(3) 多功能化

ZDDP这种既有良好极压抗磨性能,又具有良好抗氧化、抗腐蚀性能的添加剂可以大大减少润滑油中添加剂用量,它节约资源,降低成本,减少环境污染,并给润滑油的配方研究带来很大方便.因此,包括极压抗磨剂在内的添加剂的多功能化也是一个重要发展方向.近年来发展的硼型抗磨剂[9~16]和一些有机金属盐化合物也属此列.

(4) 热稳定化

随着机械的工作负荷越来越大,工作温度越来越高,不仅对基础油,而且对所使用的极压抗磨剂的热稳定性提出了更高的要求.

(5) 绿色化

随着人类环境保护意识的加强,工业废物对环境造成的污染的认识在不断加深,因而对包括废油在内的工业废品的排放的限制将更加严格.目前,国内外已经开始对可生物降解的润滑剂的研究[17~29].可以预期,在不久的将来,对润滑添加剂的要求也会越来越严格.

1.3 有机金属盐添加剂的研究进展

有机金属盐化合物由于其多功能(如有机铜盐具有抗磨和高温抗氧性能、有机钼盐具有抗磨和减磨性能等)、低用量及许多独特的性能(有机稀土的催渗作用等),一直受到国内外有关研究工作者的重视.随着润滑技术的发展以及有机金属盐化合物作为润滑添加剂研究的深入,其使用范围将越来越广泛,其优良性能则可能与其组成、结构和性质有关.

在这些有机金属化合物中,除过去曾经在齿轮油中广泛使用的有机铅化合物(如环烷酸铅)由于其重金属的环保问题,而逐渐被其他添加剂所取代[30~32]外,至今仍大量使用的包括有机锌化合物[33~44](如ZDDP)和有机钼化合物[45~52],此外还有有机稀土[8,53~63]、有机铜[64~70]、有机钛[71,72]、有机锑[73~76]、有机锡[77~80]等化合物.其中,有机稀土化合物的研究与应用十分活跃.

1.3.1 有机稀土化合物

从20世纪60年代开始,稀土和稀土化合物被用作极压、抗磨添加剂和固体润滑剂.其中稀土化合物分为无机稀土化合物和有机稀土配合物两大类.

研究表明,二烷基二硫代氨基甲酸—镧—菲咯啉化合物作为润滑脂添加剂有良好的耐腐蚀和抗磨性[81].表面分析显示摩擦表面形成的稀土氧化物、硫酸盐和硫化物以及产生的富稀土和富硫的保护润滑膜是它在润滑脂中具有良好摩擦学性能的主要原因.刘维民等[82]合成了一种N-亚水杨基丙二酸二酰肼衍生物与镧的配合物,摩擦磨损实验表明这种化合物有极好的承载能力和良好的抗磨能力,其主要原因是,一方面在摩擦表面形成含有相应稀土配合物有效润滑组分的表面膜,另一方面是在亚表面形成了稀土摩擦扩散层,使摩擦表面硬度提高,耐磨性增强.连亚峰[83]合成了正二丁基磷酸亚铈的配合物二烷基磷酸铈(BuC),将其加入到酚醛环氧树脂-MoS_2-石墨基涂层中,改善了涂层的耐蚀性和耐磨性;BuC 在金属表面的吸附形成了隔离层,一方面抑制了金属表面对 MoS_2 氧化的催化作用,另一方面阻止了石墨和金属底材接触,从而提高了涂层的耐蚀耐磨能力.任天辉等[84]研究了三乙基二硫代氨基甲酸镧配合物,结果表明它具有比 ZDDP 更优异的承载能力,并认为在摩擦过程中形成了含有机氮、有机硫、硫酸盐和氧化镧等组分的复杂边界润滑膜,因而呈现出优良的极压抗磨性能.张泽抚等[85]合成了水杨醛二肼化丙二酰镧配合物、二烷基二硫代氨基甲酸稀土配合物和棕榈酸稀土配合物等 3 种稀土配合物,并研究了其作为润滑脂添加剂的摩擦学性能.研究发现这些稀土配合物作为润滑脂添加剂具有良好的抗磨、减磨性能,其原因在于它们在摩擦过程中发生了摩擦化学反应,形成了具有良好润滑作用的边界润滑膜.总之,稀土化合物的抗磨作用一是归功于其在摩擦表面的富集和分解产物形成保护层,二是稀土化合物与润滑剂有良好的协同效应.

上面所提到的稀土化合物大多油溶性较差,因而它们一般只能作为固体润滑剂或润滑脂添加剂使用.迄今为止,国内外关于油溶性稀土化合物作为润滑添加剂的研究报道很少[86~90].此外,目前有关稀土化合物的报道,也主要针对价格昂贵的单一稀土化合物,由于单一稀土化合物的制备较为复杂,成本高.因此,作者认为,制备出具有良好油溶性和优异抗磨减磨性能混合稀土化合物作为润滑油添加剂,将具有良好的应用潜力.

1.3.2 有机锡化合物

尽管金属锡不属重金属范畴,其单质形态的锡也没有毒性,且具有不易生锈等特点,但锡的元素有机化合物大多具有较强的毒性,广泛用于塑料稳定剂、杀虫剂、杀菌剂和防污涂料等的生产[91,92].然而,有机羧酸的锡盐一般毒性极低，甚至没有毒性，且无腐蚀，因而能够在食品和医药包装等生产中得到应用[93～96]，但其作为润滑油添加剂的研究较少. 有报道称有机锡化合物在很低浓度(0.25%)时就能在边界润滑条件下显示优良的润滑性能[77]. 文献[78～80]中曾报道过有机酸的锡盐的摩擦学性能，但这些有机锡化合物均采用氯化亚锡或四氯化锡作为原料，导致所得到的添加剂产品中往往含有氯离子而容易腐蚀金属，且它们在基础油中的溶解性能也不好，影响了它们在生产实际中的应用. 最近，付尚发等[97]合成出不含氯的超长烷链大分子基的羧酸亚锡盐，通过四球机考察了其在 26# 白油中的摩擦学性能，结果表明它具有良好的极压抗磨性，但不足之处在于其在基础油中的溶解度仍然有限，原料来源也比较困难. 据调查，目前的市场上尚没有有机锡化合物类型的润滑添加剂产品.

1.4 纳米金属粒子作为润滑添加剂的研究进展

由于纳米粒子具有量子尺寸效应、小尺寸效应、表面界面效应、宏观量子效应等特性，使得它们在催化、滤光、医药、光吸收、磁介质等方面有广阔的应用前景[98]. 近年来，国内外学者在纳米粒子作润滑油添加剂方面进行了一系列研究[99～104]，涉及纳米粒子的摩擦学特性、摩擦学机理以及用于此方面的纳米粒子制备和后处理. 研究表明，纳米粒子作润滑油添加剂能明显提高基础油的摩擦学性能，具有很好的开发应用前景，从而在摩擦学研究中开辟了一个新的前沿领域.

有关纳米金属作为润滑油添加剂的研究报道不多，其种类也主要集中在软金属(如铜、锡、铋等)方面，其中以纳米铜的研究最为活跃. 豆立新、龚华栋等人[105]研究了分散在润滑油中的软金属微粒的摩擦学行为，试验结果表明，软金属微粒对摩擦界面有渗镀和改性作用，从技术参数角度讲，涉及界面粗糙度，界面间隙，微粒的形状、粒度、数量和分散程度，还涉及到外加载荷及环境条件；并且根据实验结果设想软金属微粒的修复模式有机械模式和化学模式. 乔玉林、徐滨士[106]则在不同条件、不同接触形式下考察了纳米铜自修复添加剂的摩擦学性能,结果表明纳米铜润滑剂有优良的抗磨减磨性能,其修复性能试验后出现负增重现象. Hisakado[107]、夏延秋[108]等将 10～50 nm的铜粉、镍粉和铋粉添加到石蜡基基础油中进行抗磨减磨性能试验,结果发现,石蜡基基础油中加入纳米金属粉后,在同等条件下其摩擦系数均有不同程度降低. 转速在 500 r/min 时,加入镍粉的润滑油摩擦系数最稳定,但磨痕宽度以加入铋粉为最好,即加入铋粉的润滑油减磨性最好. 以加载 20 N 为例,加镍粉润滑油的摩擦系数是 0.107 1;加铋粉润滑油的摩擦系数是 0.106 8;载荷在 20～100 N 范围内,加镍粉的润滑油比基础油磨痕宽度小. 载荷为 80 N 情况下,磨痕宽度甚至降低 49%. 在 25～50 N 载荷范围内,加铋粉润滑油减磨性最好,几乎没有磨痕;转速在 1 000 r/min 时,加入金属粉的润滑油摩擦系数随载荷增加变化不同,其中以铋粉最好,摩擦系数和磨痕宽度同时达到最小值,即使最大的摩擦系数也仅为 0.107 5,说明加入铋粉可以大幅度降低摩擦系数. 周静芳[109]等在对用液相法制备的纳米铜粉作液体石蜡添加剂进行摩擦磨损试验时发现,与基础油相比,添加纳米铜粉的润滑油在高负荷下表现出优异的摩擦学性能,并认为这是由于在高负荷下大量纳米铜微粒在摩擦表面沉积并在接触区的高温高压下熔融铺展形成低剪切强度的表面膜,可以减少摩擦界面的粘着磨损,故表现出良好的减磨抗磨性能. S. Tarasov[110]也将纳米铜粉加入到发动机润滑油中,发现在高载荷及高速下,纳米铜能有效地提高润滑油的抗磨性能,且能降低摩擦. 张志梅等[111]将 20～30 nm 的铜粉和锡粉加入到 QD30 润滑油中,并测试其摩擦学性能,结果表明该铜粉能提高 QD30 润滑油的承载能力,而将铜粉和锡粉一起加入该润滑油则效果更佳. 赵彦保等采用直接分散的方法在有机溶剂中制备出油溶性锡纳米微粒[112],并在四球试验机上考察其摩擦学性能[113],发现其具有良好的抗磨减磨性能. 这些结果说明纳米金属粉具有显著改善润滑油抗磨减磨性能的效果.

但以上提到的纳米金属粒子在油中的宏观油溶性(即外观要求透明)和分散稳定性等方面大多均存在一定的问题.

1.5 本论文的选题依据、研究思想和技术路线

1.5.1 选题依据

虽然人们对有机金属盐化合物和纳米金属粒子在摩擦学中的研究作出了大量的工作,但仍然有许多值得深入研究的课题,归纳起来有如下几方面的内容:

(1) 润滑添加剂的油溶性是决定其最终能否在工业生产中得到广泛应用的重要指标之一,它属摩擦化学的前沿课题.而上面所介绍的有机金属盐化合物大多在基础油中的溶解度有限,因而只能作为润滑脂的添加剂使用,其应用范围受到限制.因此解决有机金属盐化合物在润滑油中油溶性较差的问题是一个重要研究课题.

(2) ZDDP作为有机锌化合物的突出代表,是性能优良的多效添加剂,当前在工业应用中使用非常广泛,但由于其中含有的硫、磷元素对环境的影响越来越受到人们的关注,因而若能合成不含硫、磷等有害元素且具有良好摩擦学性能的有机金属盐化合物来取代ZDDP,将具有非常重要的学术价值和应用前景.

(3) 新型有机金属盐化合物的摩擦学特性及与其他添加剂的复配效应.

(4) 文献中报道的稀土化合物作为润滑添加剂的研究主要针对单一的稀土化合物,由于单一稀土化合物制备比较复杂,成本很高,因而很难实现工业化生产.开发出价格相对较低的混合稀土化合物作为润滑添加剂也是一个重要的研究方向.

(5) 虽然纳米粒子作润滑油添加剂表现出广阔的应用前景和可观的经济效益,但是关于纳米粒子的研究目前仍然处于起步阶段,许多基础性研究工作须大力开展.其中解决纳米粒子在润滑油中的分散性及稳定性问题尤为重要.此外,目前对纳米金属粒子作为润滑添

加剂的研究主要集中在软金属方面，其种类尚待拓展，有待研究更为简便的制备方法.

(6) 纳米金属粒子作为润滑添加剂的减磨抗磨机理的认识还很不完善，还缺乏强有力的证据来证明这些机理.

1.5.2 研究思想和技术路线

综上所述，本论文的研究思想和技术路线如下：

(1) 从添加剂的分子设计方面着手，探讨解决有机金属盐化合物在润滑油中油溶性较差的方案. 根据“相似者相溶”的原理，拟利用碳链较长而结构与基础油基本类似的有机酸作为原料，合成新型的油溶性有机金属盐化合物. 故论文工作中主要以环烷酸、油酸和烷基水杨酸等具有异构化长链或有不饱和双键的长链有机羧酸作为原料合成一系列的有机金属盐化合物，对它们的油溶性和摩擦学特性进行研究.

(2) 环烷酸的金属盐(如稀土、钴、铜、铅、锰、镍和锌盐等)具有很好的油溶性，除环烷酸铅外，很少有人对它们的摩擦学性能进行系统的研究. 因此，本论文将系统地考察这些油溶性环烷酸金属盐的摩擦学特性.

(3) 有机锡化合物作为润滑添加剂的研究报道比较少，目前市场上也未见有该类型的添加剂商品. 因此拟设计并合成有良好油溶性、具有绿色添加剂特征的有机锡化合物，并考察它们的摩擦学性能.

(4) 设计并合成油溶性有机混合稀土化合物，拓宽有机稀土化合物作为润滑添加剂的种类，考察它们的摩擦学特性.

(5) 利用现代先进的仪器分析(如红外光谱、核磁共振、质谱、原子发射光谱等)和多种表面分析手段(如俄歇电子能谱、X射线光电子能谱等)对新型添加剂的结构进行表征，对润滑添加剂的作用机理进行探讨.

(6) 考察有机金属盐化合物与其他润滑添加剂之间的配伍性.

(7) 采用表面修饰的方式探讨油溶性纳米金属粒子的制备方法，对其摩擦学性能和作用机理进行考察.

第二章　油溶性环烷酸金属盐的摩擦学性能

2.1　环烷酸的性质

环烷酸为石油加工副产品，是一种重要的精细化工原料，广泛应用于涂料、油墨催干剂、化学催化剂、矿物浮选剂、子午轮胎粘合剂、植物生长调节剂、防腐剂、缓蚀剂和杀菌剂等领域. 我国的环烷酸资源较为丰富，主要来源于石油炼制的二三线和少量润滑油碱渣，产量约为$(2.6\sim2.7)\times10^4$ t/a.

随着国内炼油加工技术的提高，我国环烷酸产量和质量都将有大的提高. 充分利用环烷酸这种廉价的宝贵资源，发展精细化工产品，满足经济建设各方面的需要，是科技工作者的责任，前景是非常广大的.

环烷酸存在于原油，特别是环烷基原油中，它与少量的二元羧酸、环己烷酸、脂肪酸及酚类等酸性含氧化合物统称石油酸，它是石油酸中最重要的酸性含氧化合物，习惯上也称石油酸为环烷酸，其化学通式为：

$C_nH_{2n-1}COOH$　　饱和单环羧酸

$C_nH_{2n-3}COOH$　　饱和多环羧酸

$C_nH_{2n+1}COOH$　　脂肪族羧酸

环烷酸在结构上的主要特征是：其烃基为一个环戊烷环，在环的不同位置上可连接短的脂肪族基团，羧酸很少与环直接相连，环烷酸中主要化合物的结构如下：

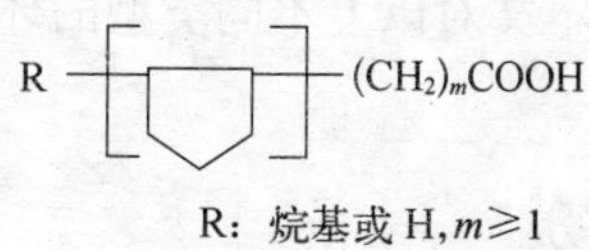

R：烷基或 H, $m \geq 1$

图 2－1　环烷酸的分子结构式

环烷酸主要为一元羧酸，绝大部分存在于柴油馏分中，平均分子量为 260. 环烷酸为弱酸性化合物，能进行酰胺化、酯化反应及皂化生成盐类；最重要的性质之一是对氧化的高度稳定性，例如：它不和高锰酸钾作用，也不与氢卤酸起加成反应[114]. 因其具有饱和的环状烃结构、良好的化学稳定性和油溶性，有望在改善润滑油添加剂的油溶性方面得到应用.

2.2　环烷酸盐的摩擦学特性

2.2.1　引言

国外对环烷酸及其金属盐类产品一直处于不断研究开发的过程，其中日本、美国、前苏联和东欧对环烷酸及其盐类产品的研究开发比较活跃，而美国在这类产品的生产和技术方面则处于世界领先地位，其市场需求一直居世界首位[115, 116]. 20 世纪 50 年代我国就开始生产环烷酸及其金属盐类产品，80 年代后有了一定的发展，产量有所增长；但总的来说，资源利用率低，产品档次不高，应用领域有限，尚待进一步向深度和广度拓展，研究开发更多的基于环烷酸的精细化工产品，合理利用资源，提高经济效益[117~119].

环烷酸的金属盐（如环烷酸钴、环烷酸铜、环烷酸铅、环烷酸锰、环烷酸镍和环烷酸锌等）可以作为油漆催干剂使用，自 20 世纪 80 年代以来，我国又开发了一系列的环烷酸盐[118, 120, 121]（如环烷酸钙、环烷酸镁等）作为内燃机油的清净分散剂使用，除环烷酸铅[122]外，很少有人对它们的摩擦学性能进行系统的研究. 从环保的角度进行考虑，由于环烷酸铅的热稳定性差，其分解产物铅属重金属物质，因而它将逐渐被淘汰[30, 123, 124]. 本文对以上不同类型的环烷酸盐的摩擦学行为进行考察.

2.2.2 试验部分

(1) 原料

环烷酸钴：钴元素含量为 8.0%，工业级，上海长风化工厂；

环烷酸铜：铜元素含量为 5.0%，工业级，上海长风化工厂；

环烷酸铅：铅元素含量为 10.0%，工业级，上海长风化工厂；

环烷酸锰：锰元素含量为 6.0%，工业级，上海长风化工厂；

环烷酸镍：镍元素含量为 7.0%，工业级，上海长风化工厂；

环烷酸锌：锌元素含量为 8.0%，工业级，上海长风化工厂；

26# 白油：工业级，上海大场化工厂；

硫化异丁烯(T－321)：工业级；

磷酸三甲酚酯(TCP)：工业级；

氯化石蜡(RCl)：工业级.

(2) 油溶性试验

为考察以上环烷酸盐的油溶性，将其分别以质量分数为 5.0%、10.0%和 15.0%加入到 26# 白油中，研究其在室温和－10℃左右的溶解情况.

试验步骤如下：首先将一定量的添加剂加入到基础油中，加热至 60℃左右并搅拌 5～10 min 使之完全溶解，然后将此溶液密封保存，将其在室温或－10℃的环境中静置 2 d. 若 2 d 后该油样没有出现固体沉淀物，则认为其在该条件下具有油溶性.

结果表明，环烷酸钴、环烷酸铜、环烷酸铅、环烷酸锰和环烷酸锌在以上试验条件下均具有很好的油溶性.

(3) 摩擦学性能测试

摩擦学性能测试在厦门生产的 MS－800 型四球摩擦磨损试验机上进行，除特殊注明外，其他长磨试验条件均为：负荷 294 N，转速 1 450 r/min，时间为 30 min，室温. 所用钢球为上海钢球厂生产的

GCr15 二级钢球，直径为 12.7 mm，硬度为 59～61 HRC. 按 GB-3142-82 试验方法测定最大无卡咬载荷 P_B 值，数据取 3 次试验数据的平均值. 摩擦系数通过摩擦力矩计算. 四球机的三个下试球示意图如图 2-2 所示，摩擦系数公式推导如下：

$$\mu = F_{实} / P$$

$$F_{实} = M_{测} / L$$

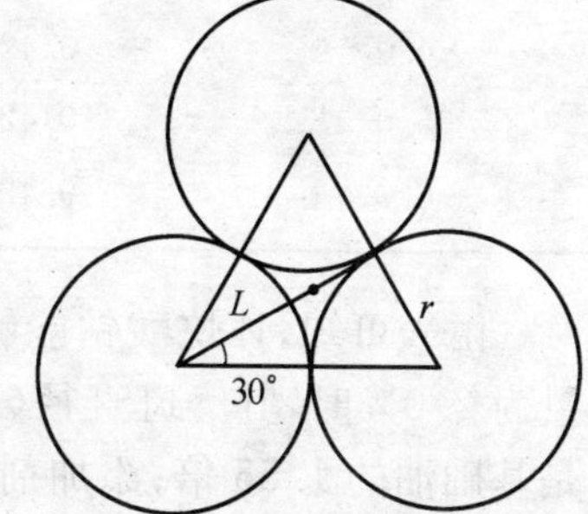

图 2-2　四球机下试球示意图

其中 L 为摩擦力臂，单位为 cm；P 为载荷，单位为 kg；μ 为摩擦系数；$M_{测}$ 为测出的力矩，单位为kg·cm；$F_{实}$ 为实际正压力，单位为 kg；钢球半径 $r=1.27/2$ cm. 故 $L=1.27/2\times\cos 30°\times 1/3=0.3666$ cm，则 $F_{实}=M_{测}/L=M_{测}/0.3666$，因此摩擦系数 $\mu=M_{测}/0.3666P$，P 即为所加载荷.

2.2.3　油溶性环烷酸盐的摩擦学特性

(1) 环烷酸钴的摩擦学特性

1) 环烷酸钴含量对摩擦学性能的影响

将环烷酸钴按不同含量稀释到 26# 白油中测试它们的极压抗磨性和减磨性，结果见表 2-1.

表 2-1　环烷酸钴在 26# 白油中的摩擦学性能

质量分数 /%	WSD/mm	P_B/N	$\mu\times10^{-2}$
0.0	0.64	196	9.73
0.5	0.44	304	9.61
1.0	0.43	304	8.55
2.0	0.42	304	8.76

续 表

质量分数 /%	WSD/mm	P_B/N	$\mu \times 10^{-2}$
3.0	0.42	333	9.25
4.0	0.42	392	11.10
5.0	0.42	470	10.50
6.0	0.42	470	9.96

由表可知，环烷酸钴能够提高基础油的抗磨和承载能力.当含量为2.0%时，其磨斑直径(WSD值)为基础油的65.6%，而 P_B 值是基础油的1.55倍；添加剂含量继续增加，其抗磨性能没有提高，但承载能力提高；当含量为5.0%时，P_B 值提高至基础油的2.40倍.

当添加剂含量在0.5%～3.0%范围时，其摩擦系数均小于基础油的摩擦系数，表明环烷酸钴在较低浓度时有减磨能力；而含量增大后，其摩擦系数上升，超过了基础油的摩擦系数，说明环烷酸钴在浓度较高时没有减磨能力.

综上所述可知，当环烷酸钴的含量为5.0%时，其综合性能最佳.

2) 环烷酸钴与硫系、磷系和氯系添加剂的复配效应

众所周知，当润滑油中含有多种添加剂时，这些添加剂之间可能存在着一定的相互作用.目前使用的极压抗磨剂主要有硫系、磷系和氯系三大类，为考察不同润滑添加剂之间的复配性能，我们对环烷酸钴与硫系、磷系和氯系抗磨极压添加剂的复配效果进行了考察.硫化异丁烯(T-321)含硫量高，是使用非常广泛的性能优良的极压添加剂；磷酸三甲酚酯(TCP)主要作为抗磨添加剂使用，在此作为磷系添加剂的代表；氯化石蜡(RCl)则是氯系添加剂的典型代表.

以26#白油为基础油，将环烷酸钴与RCl、T-321和TCP复配后进行摩擦学性能测试，试验结果见表2-2.

表 2-2　环烷酸钴与 RCl、T-321 和 TCP 复配后的摩擦学性能

质量分数/%	WSD/mm	P_B/N
1.0%环烷酸钴	0.43	304
1.0%T-321	0.56	510
1.0%RCl	0.38	745
1.0%TCP	0.39	470
1.0%环烷酸钴+1.0%T-321	0.53	510
1.0%环烷酸钴+1.0%RCl	0.55	549
1.0%环烷酸钴+1.0%TCP	0.76	333

由表可知，与仅使用环烷酸钴的抗磨性能比较，1.0%的环烷酸钴与1.0%的 RCl、T-321 和 TCP 复配后，润滑油的抗磨性能均有不同程度的下降，说明环烷酸钴与这几种添加剂在抗磨性能方面均表现出对抗效应. 就承载能力而言，复配后的润滑油的 P_B 值均比环烷酸钴的 P_B 值高，说明 RCl、T-321 和 TCP 均能改善环烷酸钴的承载能力.

(2) 环烷酸铜的摩擦学特性

1) 环烷酸铜含量对摩擦学性能的影响

将环烷酸铜稀释到 26# 白油中测试其极压抗磨性和减磨性，结果见表 2-3.

表 2-3　环烷酸铜在 26# 白油中的摩擦学性能

质量分数/%	WSD/mm	P_B/N	$\mu\times10^{-2}$
0.0	0.64	196	9.73
1.0	0.54	333	9.65
2.0	0.53	372	8.96
3.0	0.50	372	8.86
4.0	0.51	392	9.73
5.0	0.46	431	8.78

由表可知，环烷酸铜能够提高基础油的抗磨和承载能力. 当含量为3.0%时，其磨斑直径为基础油的78.1%，而 P_B 值是基础油的1.90倍；添加剂含量提高至5.0%时，其磨斑直径减少至基础油的71.9%，P_B 值提高至基础油的2.20倍.

除环烷酸铜含量为4.0%时的摩擦系数与基础油的相同外，其他浓度时的摩擦系数均比基础油的小，说明环烷酸铜具有一定的减磨能力. 当环烷酸铜含量为5.0%时，其摩擦系数最小，为基础油的90.2%.

综上所述可知，当环烷酸铜的含量为5.0%时，其综合性能最佳.

2）环烷酸铜与硫系、磷系和氯系添加剂的复配效应

将环烷酸铜与RCl、T-321和TCP复配后的摩擦学性能进行测试，结果见表2-4.

表2-4　环烷酸铜与RCl、T-321和TCP复配后的摩擦学性能

质量分数/%	WSD/mm	P_B/N
1.0%环烷酸铜	0.54	333
1.0%T-321	0.56	510
1.0%RCl	0.38	745
1.0%TCP	0.39	470
1.0% 环烷酸铜 + 1.0%RCl	0.60	431
1.0% 环烷酸铜 + 1.0%T-321	0.54	392
1.0% 环烷酸铜 + 1.0%TCP	0.49	392

由表可知，1.0%的环烷酸铜与1.0%的RCl、T-321和TCP复配后，在抗磨性能方面，只有含TCP的润滑油的WSD值比环烷酸铜的WSD值低，说明TCP能够提高环烷酸铜的抗磨性能，而RCl和T-321则不能改善环烷酸铜的抗磨性能. 再将它们的承载能力进行比较可知，复配后的润滑油的 P_B 值均比环烷酸铜的 P_B 值高，表明这三种添加剂均能改善环烷酸铜的承载能力.

(3) 环烷酸锰的摩擦学特性

1) 环烷酸锰含量对摩擦学性能的影响

将环烷酸锰稀释到 26# 白油中测试其极压抗磨性和减磨性，结果见表 2-5.

表 2-5　环烷酸锰在 26# 白油中的摩擦学性能

质量分数/%	WSD/mm	P_B/N	$\mu\times10^{-2}$
0.0	0.64	196	9.73
1.0	0.45	372	10.50
2.0	0.43	372	9.52
3.0	0.42	372	9.95
4.0	0.42	372	10.40
5.0	0.44	372	11.00

由表可知，环烷酸锰能够提高基础油的抗磨和承载能力. 当含量为 3.0%时，其磨斑直径为基础油的 65.6%，而 P_B 值是基础油的 1.90倍；添加剂含量提高至 5.0%时，其磨斑直径略有增加，为基础油的 68.7%，P_B 值则仍然恒定在 372 N.

除添加剂含量为 2.0%时的摩擦系数比基础油的摩擦系数略小外，其他条件下的摩擦系数均大于基础油的摩擦系数，表明环烷酸锰没有明显的减磨能力.

综上所述可知，当环烷酸锰的含量为 3.0%时，其综合性能最佳.

2) 环烷酸锰与硫系、磷系和氯系添加剂的复配效应

将环烷酸锰与 RCl、T-321 和 TCP 复配后的摩擦学性能进行测试，结果见表 2-6.

表 2-6　环烷酸锰与 RCl、T-321 和 TCP 复配后的摩擦学性能

质量分数/%	WSD/mm	P_B/N
1.0%环烷酸锰	0.45	372
1.0%T-321	0.56	510

续 表

质量分数/%	WSD/mm	P_B/N
1.0%RCl	0.38	745
1.0%TCP	0.39	470
1.0% 环烷酸锰 + 1.0%RCl	0.47	549
1.0% 环烷酸锰+ 1.0%T-321	0.48	470
1.0% 环烷酸锰 + 1.0%TCP	0.69	372

由表可知,环烷酸锰与RCl、T-321和TCP复配后,润滑油的抗磨性能与仅含环烷酸锰时的抗磨性能比较,均有不同程度的下降,从而说明环烷酸锰与这几种添加剂在抗磨性能方面均表现出对抗效应.从承载能力来看,除加入TCP后的 P_B 值没有改变外,T-321和RCl均能够提高环烷酸锰的 P_B 值.

(4) 环烷酸镍的摩擦学特性

1) 环烷酸镍含量对摩擦学性能的影响

将环烷酸镍稀释到26#白油中测试其极压抗磨性和减磨性,结果见表2-7.

表2-7 环烷酸镍在26#白油中的摩擦学性能

质量分数/%	WSD/mm	P_B/N	$\mu\times10^{-2}$
0.0	0.64	196	9.73
1.0	0.43	333	9.02
2.0	0.42	392	9.95
3.0	0.42	392	10.20
4.0	0.40	392	10.30
5.0	0.40	392	9.86

由表可知，环烷酸镍能够提高基础油的抗磨和承载能力．当含量为2.0％时，其磨斑直径为基础油的65.6％，而 P_B 值是基础油的2.00倍；添加剂含量提高至4.0％时，其抗磨性能有所改善，为基础油的62.5％，P_B 值则仍然稳定．

除添加剂含量为1.0％时，润滑油的摩擦系数比基础油的小外，其他浓度下的摩擦系数均大于基础油的摩擦系数，说明环烷酸镍没有明显的减磨能力．

综上所述可知，当环烷酸镍的含量为4.0％时，其综合性能最佳．

2）环烷酸镍与硫系、磷系和氯系添加剂的复配效应

将环烷酸镍与RCl、T-321和TCP复配后的摩擦学性能进行测试，结果见表2－8.

表2－8　环烷酸镍与RCl、T-321和TCP复配后的摩擦学性能

质量分数/％	WSD/mm	P_B/N
1.0％环烷酸镍	0.43	333
1.0％T-321	0.56	510
1.0％RCl	0.38	745
1.0％TCP	0.39	470
1.0％环烷酸镍＋1.0％T-321	0.48	372
1.0％环烷酸镍＋1.0％RCl	0.32	510
1.0％环烷酸镍＋1.0％TCP	0.36	392

由表可知，1.0％的环烷酸镍与1.0％的RCl和TCP复配后，润滑油的抗磨性能比仅使用环烷酸镍时的抗磨性能有较明显的改善，说明环烷酸镍与RCl和TCP在抗磨性能方面有明显的协同作用；但环烷酸镍与T-321复配后的抗磨性能比环烷酸镍的低，说明环烷酸镍与T-321在抗磨性能方面有对抗效应；就承载能力而言，环烷

酸镍与RCl、T-321和TCP复配后的 P_B 值均比仅使用环烷酸镍的 P_B 值高，说明RCl、T-321和TCP均能够提高环烷酸镍的承载能力.

(5) 环烷酸铅的摩擦学特性

1) 环烷酸铅含量对摩擦学性能的影响

将环烷酸铅稀释到26#白油中测试其极压抗磨性和减磨性，结果见表2-9.

表2-9 环烷酸铅在26#白油中的摩擦学性能

质量分数/%	WSD/mm	P_B/N	$\mu\times10^{-2}$
0.0	0.64	196	9.73
1.0	0.48	431	9.02
2.0	0.50	470	8.26
3.0	0.46	470	8.94
4.0	0.46	470	8.82
5.0	0.45	470	8.70

由表可知，环烷酸铅能够提高基础油的抗磨和承载能力. 当含量为3.0%时，其磨斑直径为基础油的71.9%，而 P_B 值是基础油的2.40倍；添加剂含量提高至5.0%时，其抗磨性能略有改善，为基础油的70.3%，P_B 值则仍然恒定在470 N.

基础油中加入环烷酸铅后，其摩擦系数均有下降，说明环烷酸铅有一定的减磨性能. 当环烷酸铅的含量为2.0%时，其摩擦系数最小，为基础油的84.9%.

综上所述可知，当环烷酸铅的含量为5.0%时，其综合性能最佳.

2) 环烷酸铅与硫系、磷系和氯系添加剂的复配效应

将环烷酸铅与RCl、T-321和TCP复配后的摩擦学性能进行测试，结果见表2-10.

表 2-10　环烷酸铅与 RCl、T-321 和 TCP 复配后的摩擦学性能

质量分数/%	WSD/mm	P_B/N
1.0 %环烷酸铅	0.48	431
1.0 %T-321	0.56	510
1.0 %RCl	0.38	745
1.0 %TCP	0.39	470
1.0 %环烷酸铅+1.0%RCl	0.36	392
1.0 %环烷酸铅+1.0%T-321	0.59	392
1.0 %环烷酸铅+1.0%TCP	0.66	431

由表可知，1.0%的环烷酸铅与 1.0%的 RCl 复配后，润滑油的抗磨性能比仅使用单一添加剂时的抗磨性能有一定改善，说明环烷酸铅与 RCl 在抗磨性能方面有协同作用；但环烷酸铅与 T-321 和 TCP 在抗磨性能方面均表现出对抗效应；就承载能力而言，环烷酸铅与 RCl、T-321 和 TCP 复配后的 P_B 值与仅使用环烷酸铅时的 P_B 值比较均没有提高，说明 RCl、T-321 和 TCP 均不能改善环烷酸铅的承载能力.

(6) 环烷酸锌的摩擦学特性

1) 环烷酸锌含量对摩擦学性能的影响

将环烷酸锌稀释到白油中测试其极压抗磨性和减磨性，结果见表 2-11.

表 2-11　环烷酸锌在 26# 白油中的摩擦学性能

质量分数/%	WSD/mm	P_B/N	$\mu \times 10^{-2}$
0.0	0.64	196	9.73
0.5	0.38	206	8.61

续 表

质量分数/%	WSD/mm	P_B/N	$\mu\times10^{-2}$
1.0	0.39	274	8.18
2.0	0.38	304	8.53
3.0	0.37	333	7.98
4.0	0.36	333	7.85
5.0	0.37	333	8.07
6.0	0.37	333	7.88

由表可知，环烷酸锌能够提高基础油的抗磨和承载能力. 当含量为 2.0%时，其磨斑直径为基础油的 59.4%，而 P_B 值是基础油的 1.55倍；添加剂含量提高至 4.0%时，其抗磨性能有改善，为基础油的 56.3%，P_B 值则提高到 333 N，为基础油的 1.70 倍. 添加剂含量再增加，抗磨性能略有下降，P_B 值则恒定在 333 N.

添加剂含量在 0.5%～6.0%的范围内，润滑油的摩擦系数均小于基础油的摩擦系数，表明环烷酸锌有明显的减磨能力. 当环烷酸锌的含量为 2.0%时，其摩擦系数为基础油的 87.7%；当含量提高至为 4.0%时，其摩擦系数最小，为基础油的 80.7%.

综上所述可知，当环烷酸锌的含量为 4.0%时，其综合性能最佳.

2）环烷酸锌与硫系、磷系和氯系添加剂的复配效应

将环烷酸锌与 RCl、T-321 和 TCP 复配后的摩擦学性能进行测试，结果见表 2-12.

表 2-12　环烷酸锌与 RCl、T-321 和 TCP 复配后的摩擦学性能

质量分数/%	WSD/mm	P_B/N
1.0%环烷酸锌	0.39	274
1.0%T-321	0.56	510

续 表

质量分数/%	WSD/mm	P_B/N
1.0%RCl	0.38	745
1.0%TCP	0.39	470
1.0%环烷酸锌+1.0%T-321	0.42	470
1.0%环烷酸锌+1.0%RCl	0.46	598
1.0%环烷酸锌+1.0%TCP	0.61	431

由上表可知，与仅使用环烷酸锌时的抗磨性能比较，1.0%的环烷酸锌与1.0%的RCl、T-321和TCP复配后润滑油的抗磨性能均有不同程度的下降，从而说明环烷酸锌与这几种添加剂在抗磨性能方面均表现出对抗效应. 但1.0%的环烷酸锌中加入1.0%的RCl、T-321和TCP复配后的 P_B 值均比1.0%的环烷酸锌的 P_B 值高，说明RCl、T-321和TCP均能改善环烷酸锌的承载能力.

(7) 环烷酸盐的摩擦学特性比较

将以上环烷酸盐具有最佳综合性能时的浓度所测定的摩擦学数据进行比较，结果见表2-13.

表2-13　环烷酸盐在26# 白油中的摩擦学性能

环烷酸盐	最佳质量分数/%	WSD/mm	P_B/N	$\mu\times10^{-2}$
环烷酸钴	5.0	0.42	470	10.5
环烷酸铜	5.0	0.46	431	8.78
环烷酸锰	3.0	0.42	372	9.95
环烷酸镍	4.0	0.40	392	10.3
环烷酸铅	5.0	0.45	470	8.70
环烷酸锌	4.0	0.36	333	7.85

1) 环烷酸盐的抗磨性能比较

为直观起见，将表2-13中各环烷酸盐的磨斑直径绘制成图进行比较,见图 2-3.

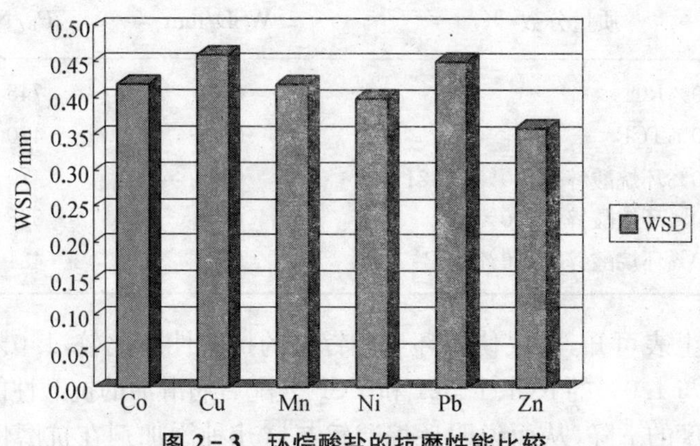

图 2-3　环烷酸盐的抗磨性能比较

由图可知,环烷酸锌的抗磨性能最好,环烷酸铜的抗磨性能最差. 它们的抗磨性能按由高到低的顺序依次排列如下:

环烷酸锌>环烷酸镍>环烷酸锰、环烷酸钴>环烷酸铅>环烷酸铜

2) 环烷酸盐的承载能力比较

各环烷酸盐的 P_B 值的比较如图 2-4.

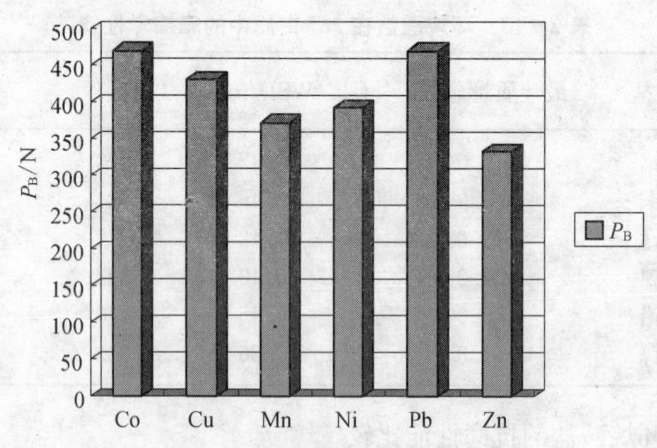

图 2-4　环烷酸盐的承载能力比较

由图可知，环烷酸铅和环烷酸钴的承载能力最好，环烷酸锌的承载能力最差. 它们的承载能力按由高到低的顺序依次排列如下：

环烷酸钴、环烷酸铅＞环烷酸铜＞环烷酸镍＞环烷酸锰＞环烷酸锌

3）环烷酸盐的减磨性能比较

各环烷酸盐的摩擦系数的比较如图 2－5.

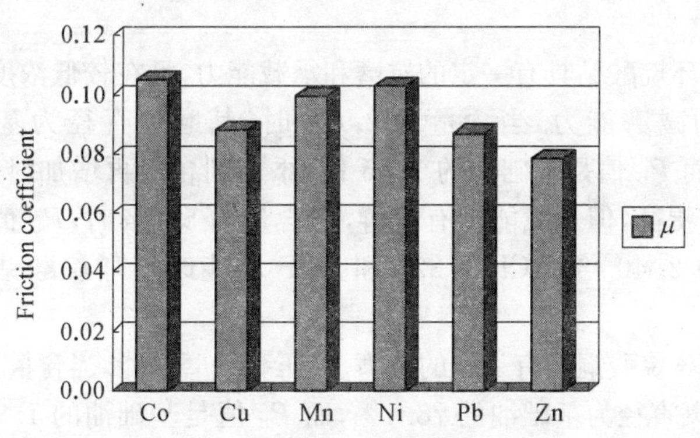

图 2－5　环烷酸盐的减磨性能比较

由图可知，环烷酸锌、环烷酸铅和环烷酸铜均有一定的减磨能力，其中环烷酸锌的减磨性能最好；环烷酸锰、环烷酸镍和环烷酸钴均没有减磨能力. 它们的摩擦系数按由高到低的顺序依次排列如下：

环烷酸钴＞环烷酸镍＞环烷酸锰＞环烷酸铜＞环烷酸铅＞环烷酸锌

结果显示以上各种环烷酸盐在抗磨和承载能力方面基本上是相互矛盾的. 如环烷酸锌具有很好的抗磨特性，但承载能力很差；而环烷酸铅虽然抗磨性能差，但承载能力却是最好的；再如环烷酸铜，它的抗磨性能最差，但承载能力倒是相当好的. 就其摩擦系数来看，软金属的环烷酸盐（如锌、铅、铜盐）一般具有减磨能力，而硬金属的环烷酸盐（如锰、镍、钴盐）则一般不表现出减磨能力.

总之，以上环烷酸盐虽然都具有一定的极压抗磨作用，但单独使用时的综合效果并不十分突出. 因此，在实际使用过程中，它们均需

要与其他添加剂进行复配使用.但由于环烷酸盐具有原料易得、价格便宜、有一定的极压抗磨能力,且与其他类型添加剂复合使用时能表现出一定的协同效应等,因此将其作为润滑添加剂仍将具有较好的应用前景.

2.3 小结

(1) 环烷酸钴具有一定的抗磨和承载能力,且在较低浓度时显示出一定的减磨能力.当含量为 2.0%时,其磨斑直径为基础油的 65.6%,而 P_B 值是基础油的 1.55 倍;添加剂含量再增加时,其抗磨性能没有提高,但承载能力有改善,当含量为 5.0%时,P_B 值提高至基础油的 2.40 倍. RCl、T-321 和 TCP 均能改善环烷酸钴的承载能力.

(2) 环烷酸铜具有一定的抗磨、极压和减磨性能.当含量为 3.0%时,其磨斑直径为基础油的 78.1%,而 P_B 值是基础油的 1.90 倍;添加剂含量提高至 5.0%时,其磨斑直径减少至基础油的 71.9%,P_B 值提高至基础油的 2.20 倍,且此时其摩擦系数最小,为基础油的 90.2%. RCl、T-321 和 TCP 均能改善环烷酸铜的承载能力,但只有 TCP 才能提高环烷酸铜的抗磨性能.

(3) 环烷酸锰具有一定的抗磨和承载能力.当含量为 3.0%时,其磨斑直径为基础油的 65.6%,而 P_B 值是基础油的 1.90 倍;添加剂含量提高至 5.0%时,其磨斑直径略有增加,为基础油的 68.7%,P_B 值则仍然恒定在 372N. T-321 和 RCl 均能够改善环烷酸锰的承载能力.

(4) 环烷酸镍具有一定的抗磨和承载能力.当含量为 2.0%时,其磨斑直径为基础油的 65.6%,而 P_B 值是基础油的 2.00 倍;添加剂含量提高至 4.0%时,其抗磨有所改善,为基础油的 62.5%,P_B 值则仍然稳定. RCl、T-321 和 TCP 均能够提高环烷酸镍的承载能力,而 RCl 和 TCP 能够改善环烷酸镍的抗磨性能.

(5) 环烷酸铅具有一定的抗磨、极压和减磨性能. 当含量为 2.0%时，其摩擦系数最小，为基础油的 84.9%. 当含量为 3.0%时，其磨斑直径为基础油的 71.9%，P_B 值是基础油的 2.40 倍；添加剂含量提高至 5.0%时，其抗磨性能略有改善，为基础油的 70.3%，P_B 值则仍然恒定在 470 N. RCl 能够改善环烷酸镍的抗磨性能.

(6) 环烷酸锌具有一定的抗磨、极压和减磨性能. 当含量为 2.0%时，其磨斑直径为基础油的 59.4%，而 P_B 值是基础油的 1.55 倍，摩擦系数是基础油的 87.7%；添加剂含量提高至 4.0%时，其抗磨能力有改善，为基础油的 56.3%，P_B 值则提高到 333 N，为基础油的 1.70 倍，摩擦系数是基础油的 80.7%. RCl、T-321 和 TCP 均能改善环烷酸锌的承载能力.

(7) 将环烷酸盐具有最佳综合性能时的浓度所测定的摩擦学数据进行比较，其抗磨性能按由高到低的顺序依次排列如下：

环烷酸锌＞环烷酸镍＞环烷酸锰、环烷酸钴＞环烷酸铅＞环烷酸铜

其承载能力按由高到低的顺序依次排列如下：

环烷酸钴、环烷酸铅＞环烷酸铜＞环烷酸镍＞环烷酸锰＞环烷酸锌

其摩擦系数按由高到低的顺序依次排列如下：

环烷酸钴＞环烷酸镍＞环烷酸锰＞环烷酸铜＞环烷酸铅＞环烷酸锌

第三章 有机锡化合物的合成及摩擦学性能

3.1 引言

在元素周期表中，锡和铅同属ⅣA族，它们的物理和化学性质十分相似. 铅和锡的物理特性比较见表3-1.

表3-1 铅和锡的物理特性比较

元素名称	原子序数	所属周期	所属族数	原子半径	外围电子排布	熔点/℃	密度	单质金属外观
锡 Sn	50	5	ⅣA	1.72	$5s^2 5p^2$	231.9	7.31	柔韧而有延展性的银白色金属
铅 Pb	82	6	ⅣA	1.81	$6s^2 6p^2$	327.5	11.34	有光泽蓝白色金属，非常柔软，极易延展

单质形态的锡和铅都具有低熔点、质地很软和良好延展性的特点，在空气中具有较高的稳定性，能够在金属表面形成一层锡或铅膜，故可作为固体润滑剂[125]或润滑脂添加剂[126]使用. 根据粘附理论(摩擦系数 f=So(软)/Po(硬)，式中 So 为软金属的抗剪切强度，Po 为硬金属的屈服强度)，它们不仅可以降低金属表面的摩擦、磨损，还可以防止金属表面的腐蚀. 铅的有机化合物则是性能良好的极压抗磨添加剂，但由于铅属于重金属，其毒性大而逐渐被其他添加剂所取代[30, 122, 127]. 锡具有与铅相似的性能，有机锡化合物是否也具有优良的摩擦学性能？探索开发出没有毒性的有机锡化合物作为新型润滑

添加剂是本章的主要内容.

3.2 有机羧酸亚锡的分子设计与合成方法

3.2.1 添加剂油溶性的解决方案

作为一个新的润滑添加剂,其在生产实际中能否得到广泛应用的关键除了优良的摩擦学性能外,还需要有良好的油溶性. 许多有机金属添加剂在润滑油中的溶解度有限,一定程度上限制了它们优越性能的发挥. 因此从添加剂的分子设计方面着手,根据"相似者相溶"的原理,利用碳链较长且烷基结构与基础油分子结构基本类似的有机酸作为原料,合成新型的油溶性有机金属盐化合物,从而探讨解决有机金属盐化合物在润滑油中油溶性较差的方案.

首先筛选出碳链较长、结构与基础油相似、来源比较广泛的有机酸(包括环烷酸、油酸、芥酸、二聚酸、烷基水杨酸等). 在上一章的讨论中,我们知道环烷酸金属盐大多具有很好的油溶性,据此推测环烷酸的锡盐也有可能具有良好的油溶性. 由于环烷酸是石油炼制过程中的副产品,其分子结构与基础油相近,含有 14～16 个碳原子,烷基中带有支链且结构稳定,还具有来源广泛且价格便宜等优点,是理想的添加剂合成原料之一. 此外,油酸、芥酸来源于植物油,本身具有较好的油溶性,其有机金属盐化合物也有可能具有较好的油溶性. 烷基水杨酸是含有 C_{12}烷基取代基的水杨酸,为人工合成的有机酸,烷基水杨酸的镁、钙盐油溶性很好,是当前国内外主要的清净分散剂品种之一,因此烷基水杨酸也有望改善有机金属盐化合物的油溶性. 故研究主要以环烷酸、油酸和烷基水杨酸等作为原料合成一系列的有机金属盐化合物,对它们的油溶性和摩擦学特性进行研究.

3.2.2 有机羧酸亚锡的合成方法

异辛酸亚锡是重要的化工产品,它是生产聚氨酯泡沫、不饱和聚酯、氨基涂料、密封剂和硅橡胶乳化硅油的主要催化剂,因此文献[77, 78, 128～

135]对辛酸亚锡的合成方法进行了大量研究.在此,借鉴比较成熟的异辛酸亚锡的合成方法来寻找最合适的合成上述有机羧酸亚锡的通用方法.

(1)异辛酸亚锡的合成方法介绍

异辛酸亚锡的合成方法归纳起来有以下几种:

1)醛歧化法:利用带支链的脂肪醛在坎尼扎罗(Cannizzaro)反应条件下与氢氧化钠或碱金属醇盐(如2-乙基乙醇钠)进行反应而生成对应的醇及羧酸盐,再与氯化亚锡反应制取异辛酸亚锡.反应方程式如下:

$$CH_3(CH_2)_3\underset{\underset{C_2H_5}{|}}{CH}\overset{\overset{O}{\|}}{C}H \xrightarrow{Base} CH_3(CH_2)_3\underset{\underset{C_2H_5}{|}}{CH}\overset{\overset{O}{\|}}{C}{-}O^-\ Na^+$$

$$+\ CH_3(CH_2)_3\underset{\underset{C_2H_5}{|}}{CH}CH_2OH$$

$$CH_3(CH_2)_3\underset{\underset{C_2H_5}{|}}{CH}\overset{\overset{O}{\|}}{C}{-}O^-\ Na^+ \xrightarrow{+SnCl_2}$$

$$CH_3(CH_2)_3\underset{\underset{C_2H_5}{|}}{CH}\overset{\overset{O}{\|}}{C}{-}O{-}Sn{-}O{-}\overset{\overset{O}{\|}}{C}\underset{\underset{C_2H_5}{|}}{CH}(CH_2)_3CH_3$$

2)用催化剂使金属锡粉与异辛酸直接反应合成.反应方程式如下:

$$CH_3(CH_2)_3\underset{\underset{C_2H_5}{|}}{CH}CO_2H + Sn \xrightarrow{Catalyst}$$

$$CH_3(CH_2)_3\underset{\underset{C_2H_5}{|}}{CH}\overset{\overset{O}{\|}}{C}{-}O{-}Sn{-}O{-}\overset{\overset{O}{\|}}{C}\underset{\underset{C_2H_5}{|}}{CH}(CH_2)_3CH_3$$

3) 复分解反应：先将异辛酸与氢氧化钠(或钾)反应制成异辛酸钠(或钾)，再使之与氯化亚锡水溶液反应生成异辛酸亚锡. 反应方程式如下：

$$CH_3(CH_2)_3\underset{\displaystyle C_2H_5}{\underset{|}{C}}HCO_2H \xrightarrow{Base} CH_3(CH_2)_3\underset{\displaystyle C_2H_5}{\underset{|}{C}}H\overset{\displaystyle O}{\overset{\|}{C}}—O^- Na^+$$

$$CH_3(CH_2)_3\underset{\displaystyle C_2H_5}{\underset{|}{C}}H\overset{\displaystyle O}{\overset{\|}{C}}—O^- Na^+ \xrightarrow{+SnCl_2}$$

$$CH_3(CH_2)_3\underset{\displaystyle C_2H_5}{\underset{|}{C}}H\overset{\displaystyle O}{\overset{\|}{C}}—O—Sn—O—\overset{\displaystyle O}{\overset{\|}{C}}\underset{\displaystyle C_2H_5}{\underset{|}{C}}H(CH_2)_3CH_3$$

4) 酸酐法：把异辛酸与醋酸酐在甲苯溶液中加热到120℃，同时加入氧化亚锡，把生成的醋酸与甲苯一起蒸出来，就可以得到异辛酸亚锡. 反应方程式如下：

$$CH_3(CH_2)_3\underset{\displaystyle C_2H_5}{\underset{|}{C}}HCO_2H + SnO \xrightarrow{-H_2O}$$

$$CH_3(CH_2)_3\underset{\displaystyle C_2H_5}{\underset{|}{C}}H\overset{\displaystyle O}{\overset{\|}{C}}—O—Sn—O—\overset{\displaystyle O}{\overset{\|}{C}}\underset{\displaystyle C_2H_5}{\underset{|}{C}}H(CH_2)_3CH_3$$

5) 直接加热法：异辛酸与氧化亚锡一起加热制备. 反应方程式同上.

在以上异辛酸亚锡的合成方法中，醛歧化法存在反应条件不易控制，需要在特殊条件下反应，设备要求严格，生产成本高，购买原料难等问题，而润滑添加剂的合成一般要求具有操作简单，便于工业化生产等特点，因而在这里不考虑此法. 第二种方法中，需要采用催化剂，且金属锡粉较难以获得(市场上可以买到的主要为金属锡粒)，故这一方法也被排除. 因此，尝试通过复分解方法、酸酐法和直接加热法制备有机羧酸亚锡.

(2) 有机羧酸亚锡结构的表征

用红外光谱和发射光谱仪对反应原料和反应产物进行分析. 用美国 Nicolet 公司生产的 Impact 410 型红外光谱仪表征其化学结构，将添加剂均匀涂抹在 KBr 晶体片上直接进行分析，波数范围为中红外区(400～4 000 cm^{-1}). 由于有机羧酸的羰基和羟基峰的在红外光谱中非常明显，反应后生成的羧酸盐则没有羟基峰，且羰基的吸收峰会向低波数方向发生位移形成两个强度较大的羰基峰(对称和反对称伸缩振动吸收峰). 因此利用这几个特征峰的变化情况可以判断反应是否已经进行以及反应进行的程度. 用美国 Baird 公司生产的多元素油料光谱仪(MOA)测定产物中的锡元素含量. 根据产物中锡元素的含量，可以推算出反应物转化的程度. 分析时将添加剂按 1：1 000 的比例溶解在液体石蜡中，加热到 60℃左右并保持 30 min，然后在漩涡振荡器上剧烈振荡使之完全溶解，待冷却到室温后再直接在多元素油料光谱仪上进行元素分析.

(3) 有机羧酸亚锡合成方法的确定

1) 不同合成方法的比较

下面以环烷酸为原料，试图通过复分解方法、酸酐法和直接加热法制备环烷酸亚锡，试验结果见表 3 - 2.

试验结果表明，复分解方法得到的产物中不含环烷酸亚锡，说明它不适合于环烷酸亚锡的合成；酸酐法所获得的产物中含有少量锡元素，虽然进一步延长反应时间或者提高反应温度将有可能提高锡的含量，但由于该方法存在后处理复杂等缺点，因此没有对其进行深入研究；直接加热法所得到的产物中含锡量高，操作也相当简便，说明这一方法适合于环烷酸亚锡的合成. 因此，选定直接加热法来合成有机羧酸亚锡.

表 3-2　环烷酸亚锡的合成方法比较

方法	试验步骤	试验现象	试验结果
复分解法	先用氢氧化钾水溶液将环烷酸皂化；再将氯化亚锡溶解在酸性水溶液中；然后二者混合，使之反应	氯化亚锡只在强酸性水溶液中才溶解，这种强酸性的氯化亚锡水溶液与环烷酸钾反应时产生大量白色沉淀物	得到的产物为环烷酸，其中不含锡元素
酸酐法	把环烷酸、氧化亚锡与醋酸酐放入三口烧瓶中，加入甲苯，加热到120℃回流 5 h，然后把生成的醋酸与甲苯一起蒸出来，再把产物分离出来	由于存在未反应完全的氧化亚锡和醋酸酐，后处理复杂	产物中含锡量低(<1.0%)
直接加热法	把环烷酸、氧化亚锡混合，搅拌，加热到 170～180℃，4 h 后停止反应，再过滤去除未反应的原料	存在未反应完全的氧化亚锡，过滤后得黄色液体	产物中含锡量高(18.1%)

2）温度对反应的影响

采用直接加热法合成环烷酸亚锡时，温度对反应的影响见表 3-3.

表 3-3　不同反应温度对产物含锡量的影响

反应温度/℃	反应时间/h	试验结果
110～120	4	产物含锡量<0.5%
130～140	4	产物含锡量 2.1%
150～160	4	产物含锡量 9.6%
170～180	4	产物含锡量 18.1%
190～200	/	反应时冒烟，无法操作

由表可知,170～180℃下产物的含锡量最高,而在更高温度下,由于接近原料环烷酸的沸点,反应时有冒烟现象,无法进行实验操作,因此认为170～180℃的条件下反应最合适.

3) 时间对反应的影响

采用直接加热法合成环烷酸亚锡时,在170～180℃条件下,考察了不同反应时间对产物中含锡量的影响,分析结果见表3-4.

表3-4　不同反应时间对产物含锡量的影响

反应时间/h	反应温度/℃	试验结果
1	170～180	产物含锡量5.3%
2	170～180	产物含锡量8.1%
3	170～180	产物含锡量15.6%
4	170～180	产物含锡量18.1%
5	170～180	产物含锡量18.3%

由表可知,当反应时间由3 h增加到4 h后,其产物的含锡量由15.6%增加到18.1%.反应时间延长至5 h,产物的含锡量仅增加0.2%.因此认为最佳的反应时间为4 h.

综上所述,确定环烷酸亚锡的最佳合成条件为:直接加热法,温度条件为170～180℃,反应时间为4 h.

4) 有机羧酸亚锡的合成方法

以油酸、芥酸、烷基水杨酸、二聚酸、硬脂酸及氧化亚锡为原料,用直接加热法来合成相应的有机羧酸亚锡,在170～180℃,反应时间为4 h的条件下得到的试验结果见表3-5.

由表可知,直接加热法除了可以用于环烷酸亚锡的合成外,还可以用于芥酸亚锡、油酸亚锡和硬脂酸亚锡的合成.用烷基水杨酸作原料时,产物中含锡量只有0.9%,可能原因在于温度不够高或是反应时间不够长,但考虑到烷基水杨酸分子结构中含有羟基和羧基,这两个官能团能够产生热聚合反应，故温度升高和反应时间延长都有可能导致更多副产物的出现，因此未对其进行进一步的研究．用二聚酸作原料时，由于二聚酸分子结构中不饱和双键的反应活性高，在此反应条件下发生热聚合反应，无法得到相应的二聚酸亚锡．

表 3－5　有机羧酸亚锡的合成

羧酸名称	试验条件	试验结果
芥酸	把羧酸、氧化亚锡混合，机械搅拌，170～180℃，反应 4 h	产率：82.4%，棕黄色油状液体，含锡量 12.2%
油酸		产率：75.3%，黄色油状液体，含锡量 12.0%
环烷酸		产率：78.9%，棕黄色油状液体，含锡量 18.1%
烷基水杨酸		产率：72.5%，棕褐色油状液体，含锡量 0.9%
二聚酸		黑色胶状固体物，无法进行产物分离
硬脂酸		产率：85.9%，白色粉末状固体，含锡量 14.8%

5）有机羧酸亚锡的油溶性

为考察上面所得产物环烷酸亚锡（stannous naphthenate，简称 SN）、油酸亚锡（stannous oleate，简称 SO）、芥酸亚锡和硬脂酸亚锡的油溶性，将它们分别以质量分数为 1.0%、5.0%、10.0%和 20.0%加入到 26# 白油中，研究其在室温和－10℃左右的溶解情况．试验步骤见 2.2.2，结果见表 3－6．

由试验可知，即使在加入量高达 20.0%时，环烷酸亚锡和油酸亚锡这两种添加剂无论在室温（25℃）还是在－10℃的条件下均具有良好的油溶性．室温条件下，当白油中加入 1.0%的硬脂酸亚锡粉末后，有大量沉淀存在，表明硬脂酸亚锡在基础油中的溶解度非常小．芥酸亚锡在白油中的溶解度也很小，室温条件下，在质量分数为1.0%时，有分层现象，将其质量分数减少到0.5%并静置1 h后观察，其外观仍然混浊，说明其在白油中的溶解度小于0.5%.

表3-6　有机羧酸亚锡的油溶性试验结果

化合物名称	质量分数/%	试验现象	
		25℃	−10℃
油酸亚锡	1.0	淡黄色，透明，无沉淀	
	5.0	淡黄色，透明，无沉淀	
	10.0	黄色，透明，无沉淀	
	20.0	深黄色，透明，无沉淀	
环烷酸亚锡	1.0	淡黄色，透明，无沉淀	
	5.0	淡黄色，透明，无沉淀	
	10.0	黄色，透明，无沉淀	
	20.0	深黄色，透明，无沉淀	
硬脂酸亚锡	1.0	粉末状固体物沉积，不溶解	
	5.0	/	
	10.0	/	
	20.0	/	
芥酸亚锡	1.0	迅速分层，不溶解	
	5.0	/	
	10.0	/	
	20.0	/	

同样作为长链的羧酸亚锡，为什么它们的油溶性相差这么大？这与其分子结构有关．油酸亚锡和环烷酸亚锡的油溶性最好，原因在于油酸是含有18个碳原子的不饱和羧酸，而环烷酸中存在带支链的环烷基，其平均碳原子数在16左右．当油酸中的碳碳双键经加氢饱和后即成了硬脂酸，以它为原料合成出来的硬脂酸亚锡的油溶性很差.

芥酸是含有 22 个碳原子的不饱和羧酸，而芥酸亚锡虽然为油状液体，但它的油溶性同样很差. 另外，文献[133]表明，己酸锡的油溶性比较差，而草酸锡的油溶性则非常差.

在这里，将这些有机锡化合物按油溶性大小进行排列：

环烷酸亚锡、油酸亚锡＞硬脂酸亚锡、己酸锡、芥酸亚锡＞草酸锡

据此得出如下结论，要使添加剂具有良好的油溶性，其分子结构中最好是含有碳原子数为 16～18 的中等长度的有机基团. 此外，分子中含有不饱和键的碳链结构比饱和碳链的油溶性要好，而带有支链的结构也比不带支链的结构的油溶性要好一些.

下面对油溶性油酸亚锡和环烷酸亚锡的摩擦学性能进行考察.

3.3 油酸亚锡的摩擦学性能

3.3.1 引言

油酸(Oleic acid)是含有十八个碳原子的不饱和羧酸，作为一种重要化工原料，具有广泛的用途. 它来源广泛，主要存在于天然油脂(成分主要为脂肪酸三甘油酯)中. 从油脂中提取油酸的方法：首先是将油脂水解(有催化水解法、加压水解法、酶催化水解法、皂化法等)，然后进行油酸分离. 其化学名称为顺式-9-十八烯酸，其分子结构式如下：

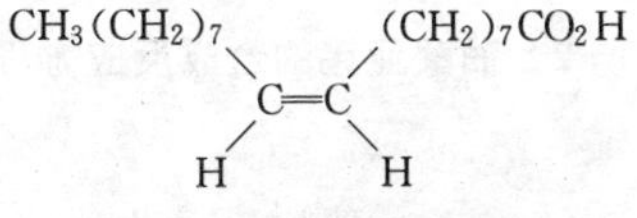

$$
\begin{array}{ccc}
CH_3(CH_2)_7 & & (CH_2)_7CO_2H \\
 & \diagdown \quad \diagup & \\
 & C{=}C & \\
 & \diagup \quad \diagdown & \\
H & & H
\end{array}
$$

图 3-1 油酸的分子结构式

油酸为无色或浅黄色油状液体，暴露在空气中则逐渐转变为棕色，可溶解于乙醇、乙醚、苯、汽油等有机溶剂中，不溶解于水，具有有机羧酸的一般化学通性和不饱和双键的化学特性. 其在矿物基础油中溶解性能比较好，可作为油性添加剂使用.

油溶性的油酸金属盐一般作为涂料工业的催干剂使用,也有学者将其作为润滑添加剂使用,张建华等[136]发现油酸铜作为润滑添加剂使用时具有很低的摩擦系数,另有一些研究[137~139]表明,油酸铜与有机硼化合物配合使用时具有较好的协同效应. 文献[140]曾对一系列的油酸金属盐化合物的作为摩擦改进剂进行了研究. 但目前尚未见有关油酸亚锡的合成及其摩擦学特性的报道.

在此,以油酸和氧化亚锡为原料,合成了油溶性的油酸亚锡,对其结构进行了表征,考察了其在 26# 白油中的摩擦学行为及其与硫系、磷系和氯系抗磨添加剂复配的摩擦学效应.

3.3.2 油酸亚锡的合成

(1) 试验原料

油酸: 化学纯,中国医药集团上海化学试剂公司;

氧化亚锡: 化学纯,国药集团化学试剂有限公司.

(2) 添加剂的合成

将 28.3 g 油酸与 7.5 g 氧化亚锡放入三口烧瓶中,加热,搅拌,保持温度 180℃左右,5 h 后停止反应,待冷却至室温后真空抽滤,去掉未反应的氧化亚锡粉末后得到黄色透明油状液体. 化学反应方程式如图 3-2 所示. 产物未经进一步提纯,直接作为添加剂使用.

$$2C_{17}H_{33}-\overset{\overset{\displaystyle O}{\|}}{C}OH+SnO\longrightarrow C_{17}H_{33}-\overset{\overset{\displaystyle O}{\|}}{C}O-Sn-O\overset{\overset{\displaystyle O}{\|}}{C}-C_{17}H_{33}+H_2O$$

图 3-2　油酸亚锡的合成反应方程式

(3) 结构表征

图 3-3 和 3-4 分别为油酸和油酸亚锡的红外光谱图.

当羧酸以单体形式存在时的 $\nu_{C=O}$ 在 1 760 cm^{-1}, ν_{O-H} 在 3 600 cm^{-1} 左右,而图 3-3 中油酸的 $\nu_{C=O}$ 吸收峰在 1 711 cm^{-1} 附近, ν_{O-H} 的吸收峰则是在 3 000 cm^{-1} 附近形成一个漫散的峰包,并与 2 900 cm^{-1} 附近的 ν_{CH} 的吸收峰相互重叠,在 937 cm^{-1} 出现的中等强度吸收峰是 O—H 的

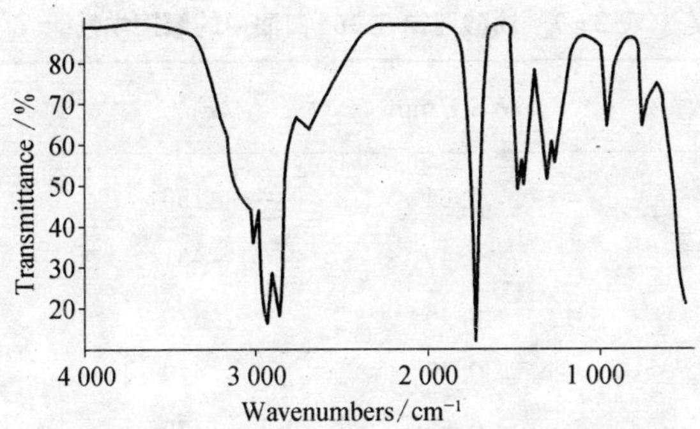

图 3-3 油酸的红外光谱

面外变角振动,这说明油酸是以二聚体形式存在的[141].

将图 3-3 与图 3-4 进行比较可以发现,油酸亚锡在 1 565 cm^{-1} 和 1 614 cm^{-1} 出现了两个强的吸收峰,这是油酸成盐后羰基的对称和反对称伸缩振动峰.

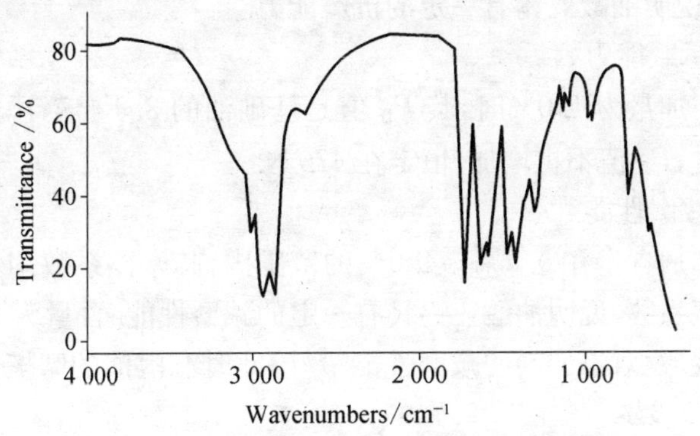

图 3-4 油酸亚锡的红外光谱

目标产物经发射光谱测定锡元素的含量为 12.0%.

3.3.3 油酸亚锡的摩擦学性能

(1) 添加剂含量对摩擦学性能的影响

油酸亚锡含量对磨斑直径、P_B 值和摩擦系数的影响见表 3-7.

表 3-7　油酸亚锡在 26# 白油中的摩擦学性能

质量分数/%	WSD/mm	P_B/N	$\mu\times10^{-2}$
0.0	0.64	196	9.73
0.5	0.49	431	9.01
1.0	0.46	470	8.64
2.0	0.45	470	7.36
3.0	0.53	470	7.46
4.0	0.54	470	7.55

1) 抗磨性能

由表可知，当添加剂的质量分数为 2.0%时，WSD 值最小，为基础油的 70.3%，含量增大时，WSD 值略有增加，但均小于基础油的磨斑直径，说明油酸亚锡有一定的抗磨能力.

2) 承载能力

当添加量为 1.0%时，其 P_B 值是基础油的 2.40 倍，添加剂含量再升高时，P_B 值不再增加，恒定在 470 N.

3) 减磨性能

添加剂含量在 0.5%～4.0%的范围内，其摩擦系数均小于基础油的摩擦系数，说明油酸亚锡具有一定的减磨性能. 含量为 2.0%时，摩擦系数最小，添加剂的减磨性能最好，此时润滑油的摩擦系数是基础油的 75.6%.

(2) 载荷对摩擦学性能的影响

1) 抗磨性能

ZDDP 是性能优良且使用十分广泛的抗磨添加剂，其结构中含有硫、磷、锌等元素，分子结构式如图 3-5 所示. 在本论文中，以 ZDDP 作为常用润滑油添加剂的代表，将所研究的新型添加剂的摩擦学性能与此参照物的摩擦学性能进行比较.

$$(R-O)_2P(=S)-S-Zn-S-P(=S)(O-R)_2$$

R：烷基，C_2～C_4

图 3-5　ZDDP 的分子结构式

油酸亚锡磨斑直径随载荷的变化曲线见图 3-6.

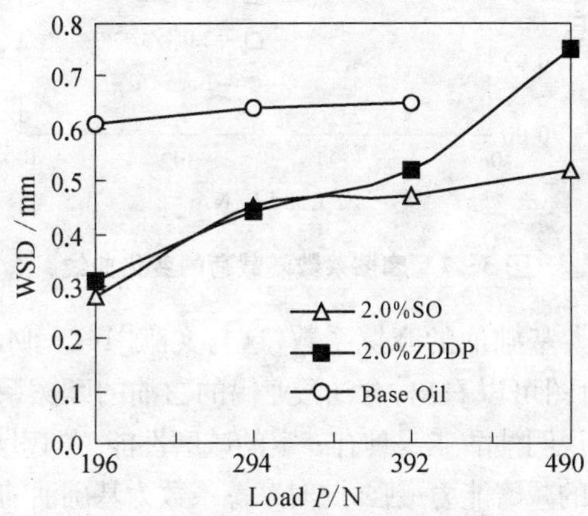

图 3-6　磨斑直径随载荷的变化曲线

由图可知，加入油酸亚锡后的 WSD 值均小于基础油在相应载荷下的 WSD 值，其原因在于油酸亚锡作为润滑油添加剂能形成了有效的润滑膜，从而能够增强基础油的抗磨和承载能力. 与 ZDDP 的抗磨性能比较，载荷在 294 N 以下时，油酸亚锡与 ZDDP 较接近，但在 392 N以上时，油酸亚锡逐渐优于 ZDDP，在 490 N 时，油酸亚锡的抗磨性能是 ZDDP 的 1.44 倍.

2）减磨性能

摩擦系数随载荷变化曲线见图 3-7.

一般来说，ZDDP 是好的极压和抗磨添加剂，但不作为减磨剂使用，原因在于 ZDDP 分子中的烷基链较短（一般仅 2～4 个碳原子），而减磨剂一般均具有长的烷基链（如油酸等）. 本实验也证明，ZDDP 的

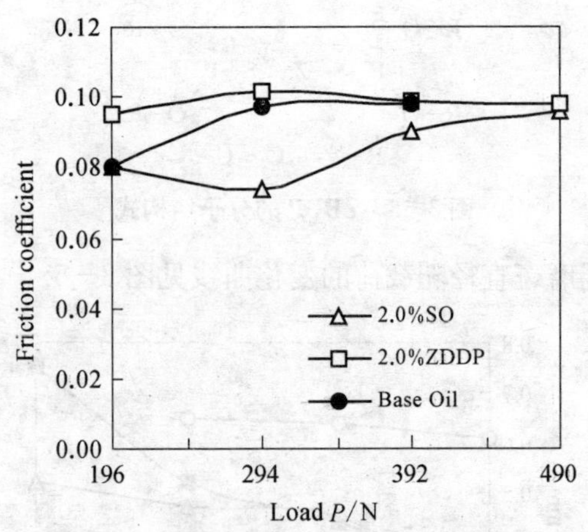

图 3-7　摩擦系数随载荷的变化曲线

加入反而会增大基础油的摩擦系数,这与文献[142, 143]中报道的结果是相符的.由图可以看出,含油酸亚锡的白油的摩擦系数均小于基础油的摩擦系数,说明油酸亚锡具有一定的减磨性能.尤其是在 294 N 的载荷下,油酸亚锡的减磨能力最强,此时摩擦系数为基础油的 75.6%.

以上分析表明,在中低载荷下,油酸亚锡具有良好的极压和抗磨性能,且有一定的减磨能力.

(3) 油酸亚锡与硫系、磷系、氯系添加剂的复配性能

为考察不同润滑添加剂之间的复配性能,还对油酸亚锡与硫系、磷系和氯系抗磨极压添加剂的复配效果进行了考察.在这里选用 T-321、TCP、RCl 分别作为硫系、磷系和氯系添加剂的代表,选用 ZDDP 作为常用的含硫、磷复合型抗磨极压添加剂的代表,考察它们之间的复配性能.

表 3-8 列出了油酸亚锡与 T-321、TCP、RCl 及 ZDDP 复配前后的磨斑直径 WSD 和最大无卡咬负荷 P_B 值的变化情况.

由表可见,与油酸亚锡相比,油酸亚锡与 T-321、TCP、RCl 及 ZDDP 复配后的抗磨性能和承载能力均有提高,说明 T-321、TCP、RCl 及 ZDDP 均能改善油酸亚锡的抗磨和承载能力.

表 3-8　油酸亚锡与 T-321、TCP 及 ZDDP 复配后的摩擦学性能

润　滑　剂	WSD/mm	P_B/N
基础油	0.64	196
基础油+2.0%SO	0.45	470
基础油+1.0%T-321	0.56	510
基础油+1.0%TCP	0.39	470
基础油+1.0%RCl	0.38	745
基础油+1.0%ZDDP	0.46	804
基础油+2.0%SO+1.0%T-321	0.33	510
基础油+2.0%SO+1.0%TCP	0.35	510
基础油+2.0%SO+1.0%RCl	0.37	647
基础油+2.0%SO+1.0%ZDDP	0.32	510

3.4　环烷酸亚锡的摩擦学性能

以环烷酸和氧化亚锡为原料，合成了油溶性环烷酸亚锡，考察其在 26# 白油中的摩擦学性能，并对其与其他类型添加剂的复配效果进行了研究.

3.4.1　环烷酸亚锡的合成

(1) 原料

环烷酸：工业级，上海长风化工厂；

氧化亚锡：化学纯，中国医药集团上海化学试剂公司.

(2) 添加剂的合成

将 25.6 g 的环烷酸与 7.5 g 氧化亚锡放入三口烧瓶中，机械搅拌，加热，保持温度 180℃左右，4 h 后停止反应，待冷却至室温后真空抽滤，去掉不溶物得棕黄色油状液体. 产物未经进一步提纯，直接作为添加剂使用. 化学反应方程式如图 3-8 所示，其中 R 为带环戊烷环的烃基.

$$2R-\overset{\overset{\large O}{\|}}{C}OH + SnO \longrightarrow R-\overset{\overset{\large O}{\|}}{C}O-Sn-O\overset{\overset{\large O}{\|}}{C}-R + H_2O$$

图 3-8　环烷酸亚锡的合成反应方程式

(3) 结构表征

图 3-9 和图 3-10 分别为环烷酸和环烷酸亚锡的红外光谱图.

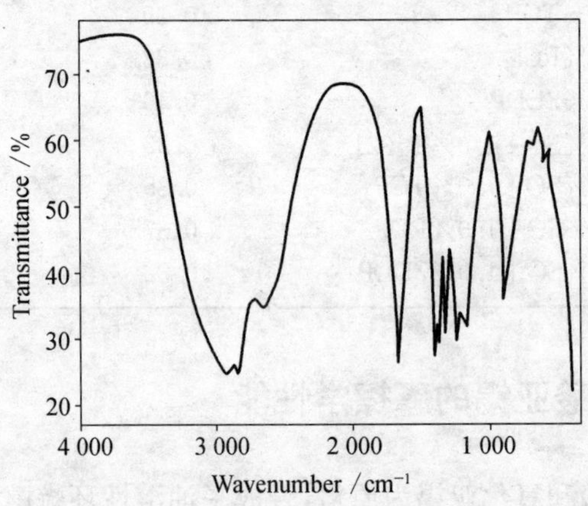

图 3-9　环烷酸红外光谱

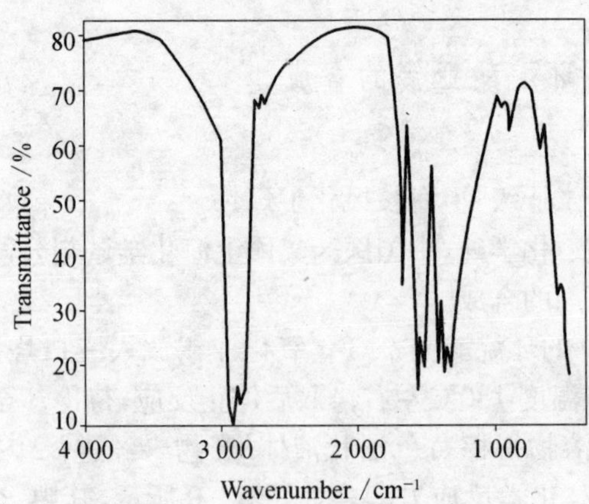

图 3-10　环烷酸亚锡红外光谱

已知羧酸以单体形式存在时的 $\nu_{C=O}$ 在 1 760 cm^{-1}，ν_{O-H} 在 3 600 cm^{-1}左右，而图 3－9 中环烷酸的羰基吸收峰在 1 707 cm^{-1}附近，ν_{O-H}的吸收峰则是在 3 000 cm^{-1}附近形成一个漫散的峰包，在 939 cm^{-1}出现的中等强度吸收峰是 O—H 的面外变角振动，说明环烷酸是以二聚体形式存在的[141]，原因在于液态的环烷酸分子间的形成了氢键使之产生了缔合作用(见图 3－11)，从而使得分子中的羰基及羟基的特征吸收峰发生变化.

$$2R-C(=O)OH \rightleftharpoons R-C(=O\cdots HO)(-OH\cdots O=)C-R$$

图 3－11　环烷酸二聚体的形成

比较二者的红外光谱图可以发现，环烷酸亚锡在 1 562 cm^{-1}和 1 613 cm^{-1}出现了 2 个强的吸收峰，这是环烷酸成盐后羰基的对称和反对称伸缩振动峰. 环烷酸亚锡在 940 cm^{-1}附近也有一个强度小的吸收峰，这是在环烷酸亚锡的制备过程中因原料未反应完全而残留的环烷酸所造成的，与图 3－10 中对应的 O—H 的面外变角振动峰进行比较可以发现其强度小得多，进一步说明绝大部分环烷酸都已经转换为环烷酸亚锡.

经发射光谱测定目标产物锡元素的含量为 18.1%.

3.4.2　环烷酸亚锡的摩擦学性能

(1) 添加剂含量对摩擦学性能的影响

表 3－9 示出了不同环烷酸亚锡添加量对磨斑直径、P_B 值和摩擦系数的影响.

1) 抗磨性能

由表 3－9 可以看出，当添加剂的质量分数为 0.5%时，WSD 值最小，为基础油的 65.6%，当其含量增大时，钢球的 WSD 值略有增加，但均小于单纯用 26# 白油润滑下的磨斑直径. 由此可见，环烷酸亚锡可以有效地改善基础油的抗磨性能.

表 3-9 环烷酸亚锡在 26# 白油中的摩擦学性能

质量分数/%	WSD/mm	P_B/N	$\mu\times10^{-2}$
0.0	0.64	196	9.73
0.1	0.45	431	8.44
0.2	0.43	470	8.27
0.5	0.42	470	8.55
1.0	0.43	470	9.37
2.0	0.47	470	9.09
3.0	0.46	470	8.98
4.0	0.48	470	8.39

2) 承载能力

环烷酸亚锡可以提高基础油的 P_B 值，当添加量为 0.2%时，其 P_B 值是基础油的 2.40 倍，当添加剂含量进一步升高时，P_B 值不再升高，恒定在 470 N.

3) 减磨性能

由表可知，当添加剂含量在 0.1%～4.0%的范围内，其摩擦系数均小于基础油的摩擦系数，表明环烷酸亚锡具有一定的减磨性能. 当含量为 0.2%时，摩擦系数最小，添加剂减磨性能最佳，此时摩擦系数是基础油的 85.0%. 当含量为 0.5%时，其摩擦系数是基础油的 87.9%.

(2) 载荷对摩擦学性能的影响

1) 抗磨性能

图 3-12 示出了分别含 0.5%环烷酸亚锡和 2.0% ZDDP 的白油润滑下磨斑直径随载荷变化的关系曲线.

由图可以看出，加入环烷酸亚锡后的 WSD 值均小于基础油相应载荷下的 WSD 值，进一步表明其具有良好的抗磨性能. 与 ZDDP 的

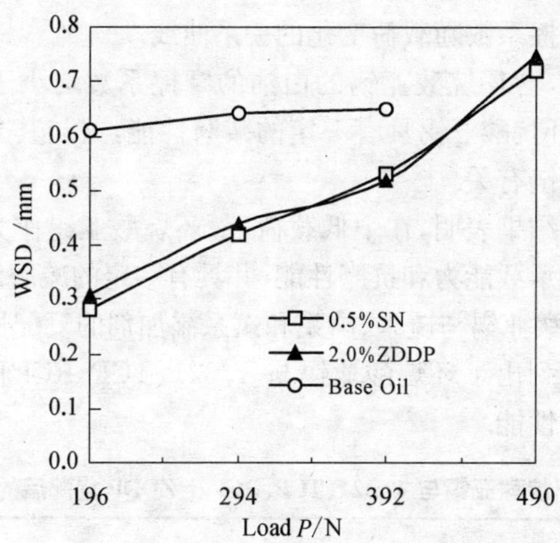

图 3-12　磨斑直径随载荷的变化曲线

抗磨性能比较可以发现，在所选择的试验载荷范围内，0.5%的环烷酸亚锡的抗磨性能与 2.0% ZDDP 的基本相当.

2）减磨性能

图 3-13 示出了分别含 0.5%环烷酸亚锡和 2.0%ZDDP 的 26#

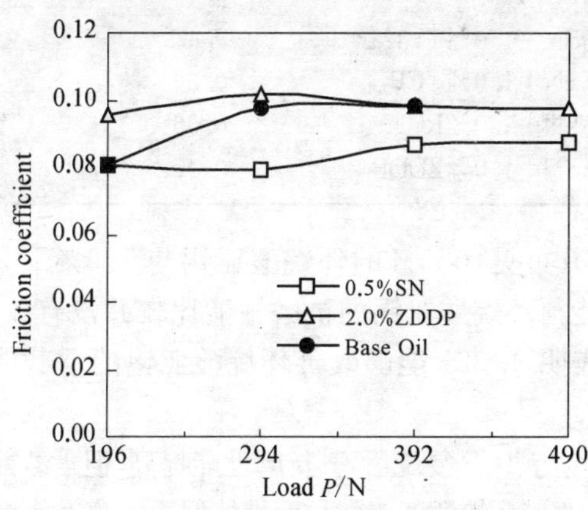

图 3-13　摩擦系数随载荷的变化曲线

白油润滑下摩擦系数随载荷变化的关系曲线.

由图可知,含环烷酸亚锡的白油的摩擦系数均小于基础油的摩擦系数,说明环烷酸亚锡具有一定的减磨性能,这与其分子结构中含有较长的烷基链有关.

以上分析结果表明,在中低载荷下,环烷酸亚锡作为润滑油添加剂具有良好的承载能力和抗磨性能,并具有一定的减磨能力.

(3) 环烷酸亚锡与硫系、磷系和氯系添加剂的复配性能

表3-10列出了环烷酸亚锡与T-321、TCP、RCl和ZDDP复配前后的摩擦学性能.

表3-10　环烷酸亚锡与T-321、TCP、RCl及ZDDP复配后的摩擦学性能

润 滑 剂	WSD/mm	P_B/N
基础油	0.64	196
基础油+0.5%SN	0.42	470
基础油+1.0%T-321	0.56	510
基础油+1.0%TCP	0.39	470
基础油+1.0%RCl	0.38	745
基础油+1.0%ZDDP	0.46	804
基础油+0.5%SN+1.0%T-321	0.42	598
基础油+0.5%SN+1.0%TCP	0.39	470
基础油+0.5%SN+1.0%RCl	0.36	647
基础油+0.5%SN+1.0%ZDDP	0.47	598

由表3-10可见,0.5%的环烷酸亚锡与1.0%T-321进行复配后,其抗磨性能与环烷酸亚锡的抗磨性能比较并没有改善,但承载能力有所提高,表明T-321能够改善环烷酸亚锡的承载能力但不能改善其抗磨性能.

环烷酸亚锡与TCP复配后,其抗磨性能提高,但承载能力没有改变,说明TCP能够改善环烷酸亚锡的抗磨性能但不能改善其承载能力.

环烷酸亚锡与RCl复配后,其抗磨和承载能力与环烷酸亚锡的

相应数据比较均有提高，说明 RCl 既能够改善环烷酸亚锡的抗磨性能又能够改善其承载能力.

环烷酸亚锡与 ZDDP 复配后，其抗磨性能与环烷酸亚锡的抗磨性能比较有下降，但承载能力有所提高，表明 ZDDP 能够改善环烷酸亚锡的承载能力但不能改善其抗磨性能.

3.5 表面分析和摩擦化学反应机理研究

3.5.1 试验部分

采用光学显微镜对磨斑形貌进行观察分析，仪器型号为：日本 Olympus 公司生产的 BX-60 光学显微镜.

用 PHI-550 型多功能电子能谱仪对钢球进行 Auger 能谱和 X 射线光电子能谱(XPS)分析，在进行表面分析前先用石油醚超声清洗钢球 10 min. 采用 Auger 深度剖面(AES)分析考察 C、O、Fe 及锡等元素的深度分布状况，分析条件为：3 keV 氩离子束，溅射面积为 1 mm×1 mm. 采用 XPS 分析钢球磨斑表面典型元素的化学状态，选用 Mg Kα 激发源，通过能量为 29.35 eV，用污染碳源 C_{1s} 结合能 284.60 eV 作为内标，电子结合能的测量精度为±0.3 eV. 能谱分析条件如下：

样品室真空度：10^{-8}～10^{-9} Torr (10^{-5}～10^{-6} Pa)；

电子枪激发源一次电子束束压 E_p=3 keV，电子束束流 I_p=1 μA；

氩离子刻蚀电压 2 keV，氩离子流密度为 100 μA/cm^2；

对上海钢球厂生产的 GCr15 轴承钢钢球磨斑进行分析，刻蚀速率约为 40 Ao/min，溅射面积 1 mm×1 mm.

3.5.2 磨斑的形貌分析

为比较添加剂的抗磨性能，对不同添加剂在 294 N 载荷条件下，四球长磨 30 min 后的钢球磨斑形貌进行分析. 图 3-14、3-15 和 3-16 分别示出了不含添加剂的基础油、加入 2.0%的油酸亚锡的基

图 3-14　基础油磨斑形貌

图 3-15　油酸亚锡磨斑形貌

础油和加入了0.5%环烷酸亚锡的基础油的钢球磨斑形貌.

图3-14、3-15比较可以发现,仅基础油润滑时,其磨斑直径大,且表面有明显的犁沟现象,磨斑表面甚至有局部高温氧化色彩(呈现蓝色或蓝紫色),此时摩擦副的磨损以粘着磨损为主,也有磨料磨损出现,说明未加添加剂的基础油在这种条件下并不能起到很好的润滑作用.在基础油中加入2.0%的油酸亚锡后,钢球磨斑表面比仅由基础油润滑下的磨斑光滑,磨痕浅而均匀,且尺寸也小,磨斑表面无明显的高温氧化色彩,表明此时摩擦副的磨损以正常滑动磨损为主,从而可以说明添加剂能够有效地改善基础油的抗磨性能,这与前面讨论的有关摩擦学特性是一致的.

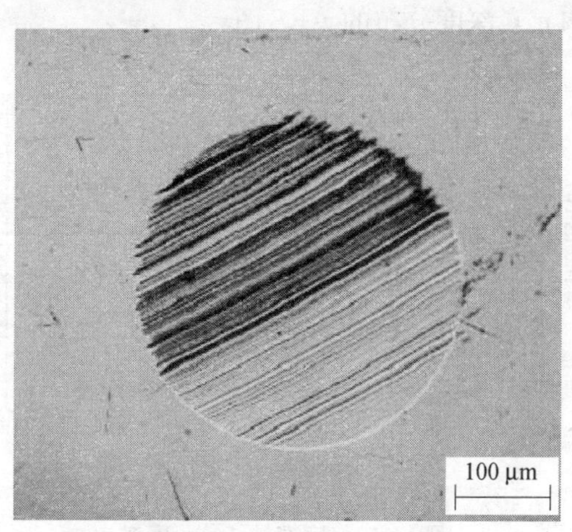

图3-16 环烷酸亚锡磨斑形貌

将图3-14和3-16进行比较可以发现,在基础油中加入0.5%的环烷酸亚锡后,钢球磨斑表面比仅由基础油润滑的条件下的磨斑光滑,且尺寸也小一些,此时摩擦副的磨损以正常滑动磨损为主,说明环烷酸亚锡能够有效地改善基础油的抗磨性能,这与前面讨论的有关摩擦学特性也是一致的.

将图3-15和3-16进行比较可以发现,油酸亚锡的磨斑直径略大，且磨痕更明显，表明环烷酸亚锡的抗磨性能比油酸亚锡的更好.

3.5.3 磨斑的能谱分析和摩擦化学反应机理

(1) AES分析

由于环烷酸亚锡、油酸亚锡在结构上的类似，其摩擦学性能也相差不大，因此预计二者在摩擦表面发生的摩擦化学反应也基本一致，故在这里仅以环烷酸亚锡为代表，利用AES分析其摩擦表面的化学组成.

图3-17和3-18为基础油+0.5%环烷酸亚锡润滑下的钢球磨斑表面元素和元素深度分布的AES图.

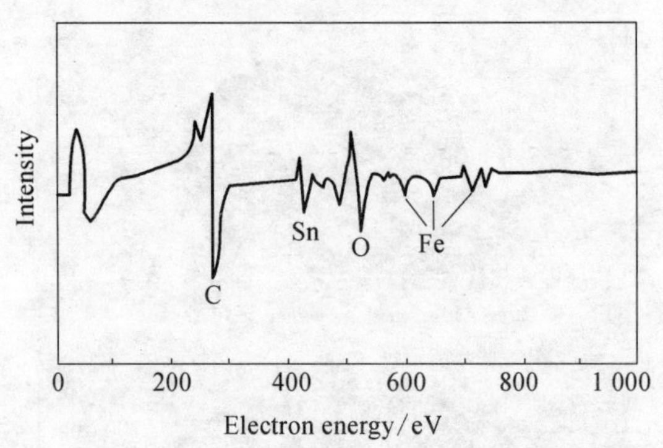

图3-17 磨斑的Auger图谱

由图3-17可以看出，磨斑表面主要含Sn、Fe、C及O等元素，表明添加剂的有效组分在摩擦表面形成了润滑膜，起到了减磨抗磨作用. 由图3-18可知，表面层中O、Fe及Sn的含量较高，说明摩擦表面已形成了一种含锡的化学反应膜. 随着刻蚀时间的延长，元素C和O的含量下降较快，很快达到一个较低值；元素Sn的含量在0.6 min时出现一个极大值，随后迅速下降并保持低值. 据估算，这种摩擦化学反应膜的厚度约为12 nm左右.

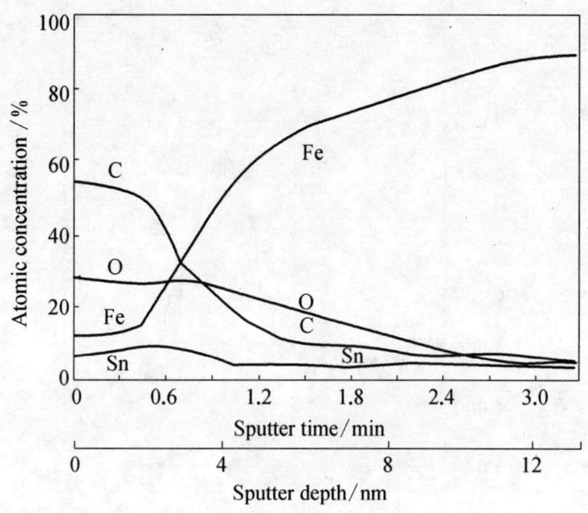

图 3-18 磨斑的元素深度分布

(2) XPS分析

图 3-19 和图 3-20 分别是油酸亚锡和环烷酸亚锡的 XPS 分析图.

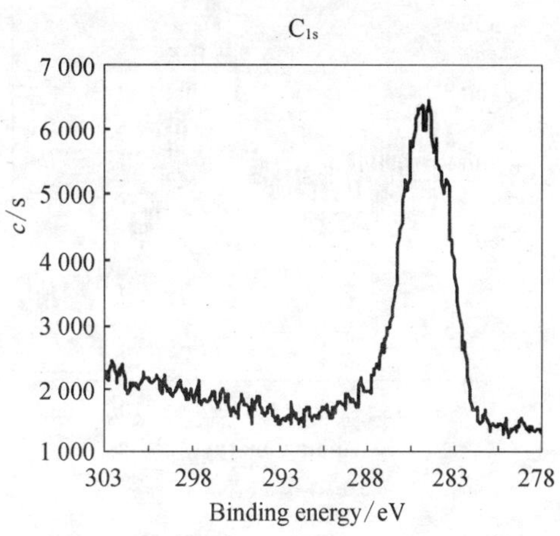

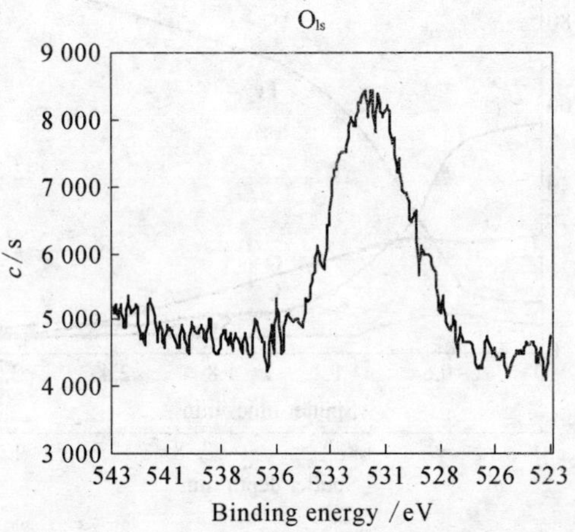
O_{1s}
9 000
8 000
7 000
6 000
5 000
4 000
3 000
c/s
543 541 538 536 533 531 528 526 523
Binding energy /eV

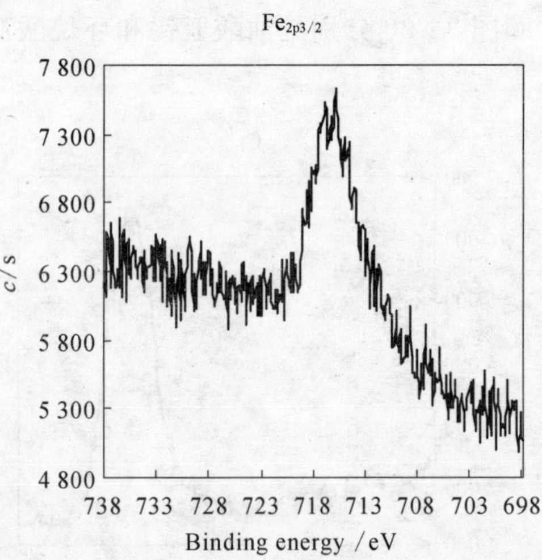
$Fe_{2p3/2}$
7 800
7 300
6 800
6 300
5 800
5 300
4 800
c/s
738 733 728 723 718 713 708 703 698
Binding energy /eV

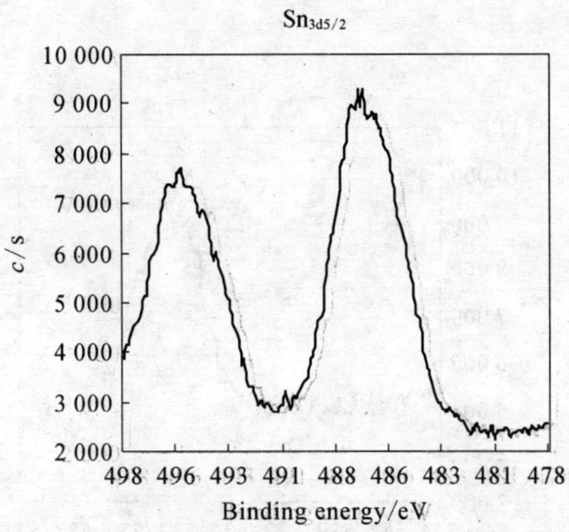

图 3-19　含油酸亚锡的白油润滑下的钢球磨斑表面元素的 XPS 图谱

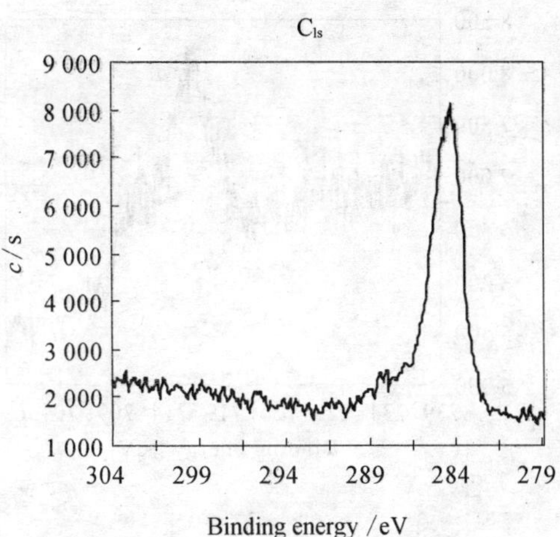

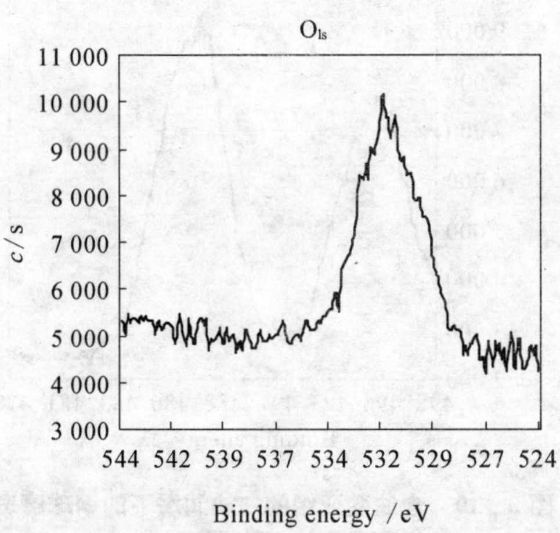
O1s
11 000
10 000
9 000
8 000
7 000
6 000
5 000
4 000
3 000
c/s
544 542 539 537 534 532 529 527 524
Binding energy /eV

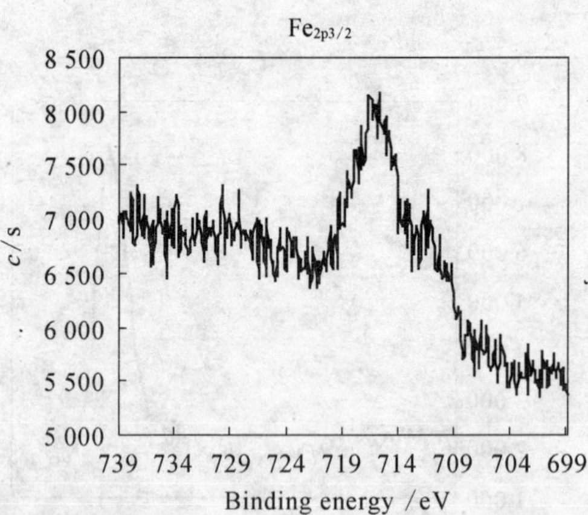
Fe2p3/2
8 500
8 000
7 500
7 000
6 500
6 000
5 500
5 000
c/s
739 734 729 724 719 714 709 704 699
Binding energy /eV

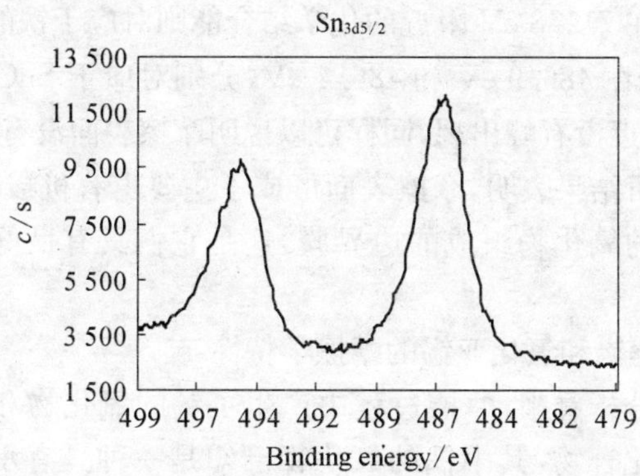

图 3-20　含环烷酸亚锡的白油润滑下的钢球磨斑表面元素的 XPS 图谱

1）油酸亚锡的 XPS 分析

由图 3-19 可知，C_{1s}峰的化学结合能在 284.8 eV 附近，对应于有机化合物中羧基碳原子[143]，说明油酸亚锡在摩擦过程中发生了化学反应且在摩擦表面形成了有机羧酸皂类化合物.

O_{1s}峰的化学结合能在 531.8 eV 和 530.0 eV，分别对应于有机化合物中羧基氧原子和铁的氧化物，由此可以判断出试样中存在有铁的氧化物和含氧有机化合物.

铁元素在 711.6 eV 附近的化学结合能则对应于铁的氧化物.

从锡元素的 XPS 谱可以看出，$Sn_{3d5/2}$峰在 487.1 eV 和486.4 eV，分别对应于 SnO_2 和 SnO. 其在 484 eV 附近没有峰出现，说明摩擦表面没有单质锡存在[143].

2）环烷酸亚锡的 XPS 分析

由图 3-20 可知，C_{1s}峰的化学结合能在 284.8 eV 附近，对应于有机化合物中羧基碳原子，说明环烷酸亚锡在摩擦过程中发生了化学反应且在摩擦表面形成了有机羧酸皂类化合物.

O_{1s}峰的化学结合能在 531.8 eV 和 530.1 eV，分别对应于有机化合物中羧基氧原子和铁的氧化物，由此可以判断出试样中存在有铁的氧化物和含氧有机化合物.

铁元素在 711.8 eV 附近的化学结合能则对应于铁的氧化物.

$Sn_{3d5/2}$峰在 486.9 eV 和 486.4 eV,分别对应于 SnO_2 和 SnO. 其在 484 eV 附近没有峰出现,同样可以说明摩擦表面没有单质锡存在.

以上分析结果表明,摩擦表面形成了主要由有机羧酸皂类、铁的氧化物和锡的氧化物组成的边界膜,这是它们具有良好摩擦学性能的主要原因.

(3) 氧化锡和氧化亚锡的摩擦学特性

从以上分析看来,摩擦过程中产生了锡的氧化物和铁的氧化物等多种无机化合物,其中铁的氧化物已知是一种具有承载能力的物质,而锡的氧化物则有 SnO 和 SnO_2 两种形态,它们在此扮演什么样的角色,起到了怎样的作用? 为此,进行了以下试验来考察二者在摩擦过程中的贡献.

1) 氧化亚锡摩擦学特性

取一定量的氧化亚锡粉末(化学纯,颗粒的最大尺寸在 10 μm 以下,平均尺寸在 5 μm 左右,见图 3-21),将其按 2.0%和 5.0%的质量分数分散到 1# 普通锂基脂(Shell 公司生产)中,在研钵中研磨使之分散均匀,然后在 MS-800 型四球机上测试摩擦学性能,结果见

图 3-21　氧化亚锡粉末的形貌

表 3－11.

表 3－11 氧化亚锡在 1# 锂基脂中的摩擦学性能

质量分数/%	WSD/mm	P_B/N
0.0	0.60	647
2.0	0.58	647
5.0	0.57	647

结果表明，加入了 2.0%氧化亚锡后的润滑脂的磨斑直径 WSD 和最大无卡咬负荷 P_B 值均没有变化，而加入了 5.0%氧化亚锡后的润滑脂的 WSD 为 0.57 mm，与基础脂比较下降了 5.0%，但 P_B 值没有变化，说明氧化亚锡粉末不能提高润滑脂的承载能力，但能够在一定程度上改善润滑脂的抗磨性能.

2）氧化锡摩擦学特性

同样测试氧化锡（化学纯，平均尺寸在 2 μm 左右，见图 3－22）的摩擦学性能，试验结果见表 3－12.

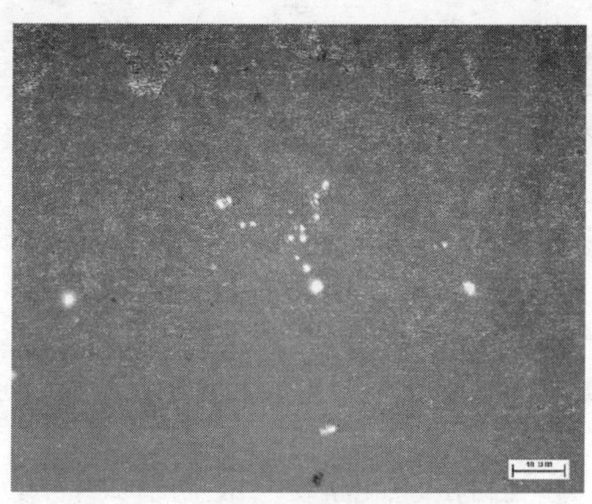

图 3－22 氧化锡粉末的形貌

表 3-12　氧化锡在 1# 锂基脂中的摩擦学性能

质量分数/%	WSD/mm	P_B/N
0.0	0.60	647
2.0	0.59	647
5.0	0.56	686

结果表明,加入 2.0%氧化锡后的润滑脂的磨斑直径和 P_B 值均没有明显变化,而加入了 5.0%氧化锡后润滑脂的 WSD 为 0.56 mm,比基础脂的 WSD 值下降了 6.7%,且 P_B 值由 647 N 提高到了686 N,增大了 5.7%,说明氧化锡粉末能够在一定范围内改善润滑脂的承载能力和抗磨性能.

综上所述可知,摩擦过程中生成的氧化锡和氧化亚锡均能够在一定范围内改善润滑剂的极压抗磨性能.

(4) 有机羧酸亚锡的摩擦化学反应机理

下面以环烷酸亚锡为例,探讨有机羧酸亚锡的摩擦化学反应机理.

由表面分析可知,摩擦表面形成了一种含锡的化学反应膜,原因在于摩擦过程中发生了摩擦化学反应,从而在摩擦副表面形成了氧化锡、氧化亚锡、铁的氧化物、铁的皂类化合物和摩擦聚合物等.这种摩擦化学反应与润滑剂在摩擦副表面的吸附和分解有关,特别是吸附(包括物理吸附和化学吸附).因为吸附不但可以在较温和的条件下形成具有良好摩擦学性能的吸附膜,还可以在较苛刻的条件下形成具有保护作用的化学反应膜.借鉴前人的一些机理研究成果[122,144],推测在摩擦过程中,吸附膜和化学反应膜是通过以下摩擦化学反应来实现的.

图 3-23 是它们的摩擦化学反应示意图,式中 R 为带支链的环烷基或不饱和烷基,R′H 为基础油分子.

首先是环烷酸亚锡在钢的表面进行物理吸附,然后在微量水存

$$\text{Fe (friction and wear)} \longrightarrow Fe^{2+} + e\text{(Exoelectron)}$$

$$R-\overset{O}{\overset{\|}{C}}-O-Sn-O-\overset{O}{\overset{\|}{C}}-R + H_2O \longrightarrow R-\overset{O}{\overset{\|}{C}}-OH + Sn(OH)_2$$

$$Sn(OH)_2 \longrightarrow SnO \text{ (Inorganometalic protective film)}$$

$$SnO + O_2 \longrightarrow SnO_2 \text{ (Inorganometalic protective film)}$$

$$R'H + O_2 \longrightarrow R'OOH \longrightarrow R''-CO_2H \text{ (Tribopolymer or resin)}$$

$$R(R'')-\overset{O}{\overset{\|}{C}}-OH + e \longrightarrow R(R'')-\overset{O}{\overset{\|}{C}}-O^- \text{ (Negative ion)} + H_2$$

$$R(R'')-\overset{O}{\overset{\|}{C}}-O^- + Fe^{2+} \longrightarrow \underset{\text{(Organometalic protective film)}}{R(R'')-\overset{O}{\overset{\|}{C}}-O-Fe-O-\overset{O}{\overset{\|}{C}}-R(R'')}$$

$$R(R'')-\overset{O}{\overset{\|}{C}}-OH + Fe \longrightarrow \underset{\text{(Chemisorbed protective film)}}{R(R'')-\overset{O}{\overset{\|}{C}}-O-Fe-O-\overset{O}{\overset{\|}{C}}-R(R'')}$$

$$R(R'')-\overset{O}{\overset{\|}{C}}-O-Fe-O-\overset{O}{\overset{\|}{C}}-R(R'')$$

$$\xrightarrow[\text{Energy}]{\text{Friction}} Fe_xO_y \text{ (Inorganometalic load-carrying film)}$$

图 3-23 有机羧酸亚锡的摩擦化学反应机理

在的条件下，环烷酸亚锡发生分解生成环烷酸和锡的氢氧化物，锡的氢氧化物再分解成为氧化亚锡，而氧化亚锡可以在氧气的作用下形成氧化锡，这种经摩擦化学反应生成的锡的氧化物颗粒的尺寸一般为纳米级，它们能够沉积在摩擦表面的凹陷处，可以降低表面粗糙度，从而降低摩擦系数. 锡的氧化物沉积在摩擦表面上时，还可以减少金属铁表面的氧化过程，同时也可以减少金属表面间的直接接触的机会，因而可以起到保护摩擦表面的作用. 而环烷酸则与金属表面发生化学反应生成环烷酸铁皂，这种化学吸附膜有良好的抗磨能力. 在更苛刻的条件下，环烷酸铁皂会分解生成铁的氧化物，而铁的氧化物则是公认的承载能力强的无机物. 此外，基础油的分子也可以在摩擦条件下发生氧化反应，生成摩擦聚合物或有机羧酸，而有机羧酸同样可以再生成铁皂.它们的综合作用使得有机锡化合物具有良好的减磨、抗磨和承载能力.

在试验条件不是特别苛刻的条件下,摩擦表面主要形成了化学吸附膜(如环烷酸铁皂)和化学反应膜(如锡的氧化物和铁的氧化物),此时环烷酸亚锡表现出良好的减磨和抗磨能力.当工作条件更苛刻时,化学吸附膜将分解,摩擦表面将主要由化学反应膜来提高其承载能力,此时环烷酸亚锡表现出良好的承载能力.

3.6 小结

(1) 合成了油酸亚锡和环烷酸亚锡,通过红外光谱和原子发射光谱对它们的结构进行了表征,其在25℃和－10℃下均有良好的油溶性.

(2) 在中低载荷下,油酸亚锡作为润滑油添加剂具有良好的抗磨、减磨性能和一定的承载能力.实验表明,当添加剂的质量分数为2.0%时,其磨斑直径为基础油的70.3%,其 P_B 值是基础油的2.40倍,摩擦系数是基础油的75.6%.当载荷在294 N以下时,油酸亚锡与ZDDP的抗磨性能较接近,但在392N以上时,油酸亚锡的抗磨能力逐渐优于ZDDP,在490 N时,油酸亚锡的抗磨能力是ZDDP的1.44倍.复配试验表明T-321、TCP、RCl及ZDDP均能改善油酸亚锡的抗磨和承载能力.

(3) 在中低载荷下,环烷酸亚锡作为润滑油添加剂具有良好的承载能力和抗磨性能,并具有一定的减磨能力.当添加剂的质量分数为0.5%时,其磨斑直径为基础油的65.6%,P_B 值是基础油的2.40倍,摩擦系数是基础油的87.9%.在试验载荷范围内,环烷酸亚锡的抗磨性能与ZDDP基本相当.复配试验表明ZDDP、T-321能够改善环烷酸亚锡的承载能力,而TCP能够改善环烷酸亚锡的抗磨性能.RCl既能够改善环烷酸亚锡的抗磨性能又能够改善其承载能力.

(4) 磨斑的表面分析表明,在摩擦过程中,摩擦表面形成了含锡边界润滑膜,其中锡元素主要以锡的氧化物的形态存在,而铁则以铁的氧化物和有机金属盐化合物形式存在,它们的综合作用使得有机羧酸亚锡具有良好的摩擦学性能.

第四章　有机稀土化合物的摩擦学性能研究

4.1　引言

边界润滑条件下减少运动部件摩擦磨损的关键措施之一是润滑剂中的抗磨减磨添加剂，良好的抗磨减磨剂能有效地减少摩擦磨损. 稀土材料由于其特殊的物理和化学性能，决定了它具有广泛的用途而受到关注[55, 145～147]，稀土化合物的摩擦学性能研究也引起了人们的极大兴趣[61, 148～151]. 目前稀土化合物在摩擦学中的研究已经渗透到耐磨金属材料，耐磨高分子材料、耐磨陶瓷材料等领域，但作为润滑添加剂的研究国内外刚刚开始，尤其是油溶性有机稀土抗磨剂的研究，是摩擦化学的前沿课题，在理论和应用方面均有宽广的发展前途. 稀土润滑材料还有许多未被人们认识的性质，特别是在润滑中的作用机理更有待进一步探讨. 同时，我国又是稀土大国，稀土元素储存量占全球总量的 80%多，因此从开发和利用国内丰富的稀土资源上说，更具有重大的理论意义和实际应用价值.

4.2　稀土及其化合物的性能

稀土金属包括镧系及钪和钇等 17 种元素. 稀土元素是一类具有独特的价电子构型[$(n-1)d^x ns^2$]，还未被完全认识的元素. 正是这种独特的价电子构型才造成了稀土与别的金属有很大的性质差别.

(1) 稀土金属具有较高的硬度和熔点，常温下为六方晶体结构，有低的粘着系数；

(2) 稀土金属是强还原剂，化学性质活泼，与氧的亲和力很强，氧化物结构稳定；

(3) 稀土元素原子、离子半径较大，从电离势大小和水合能大小来看，+3价的稀土离子较稳定，并且RE^{3+}离子半径较大，具有较大的配位数，易与多配体形成稳定络合物，稀土离子与配体的键合强度取决于配位原子的电负性；

(4) 稀土元素内层$4f$电子数从0～14逐个填充，形成特殊组态，造成稀土元素间在光学、磁学、电学等性能上出现明显差异，从而导致许多不同用途的新材料的出现；

(5) 稀土元素还能与其他金属元素和非金属元素形成各种各样的合金或化合物，并派生出各种新的化学和物理性质.

稀土应用是稀土产业发展的动力，是稀土产业向基础产业、支柱产业渗透的主要途径. 稀土元素以往主要应用于光学、电学、磁学、冶金、化工、原子能、轻工业、农业等领域. 随着高新技术的发展，对新材料的需求更加急迫，因此稀土新材料的开发和应用将更加引人注目. 现已经在微波元件材料、永磁材料、磁制冷剂、储氢合金、超导、计算机、航天技术以及原子能等高新技术领域得到广泛应用. 但稀土元素仍然有许多未被人们所认识的特殊性质，仍有许多新型稀土材料有待开发，特别是其化合物在一些材料中的作用机理有待探讨.

美国贝尔电话研究所通过对稀土金属的摩擦、磨损及粘着特性研究，发现与其他相同晶体结构的金属相比，稀土金属的粘着系数较低，而在真空和空气中，其摩擦系数和磨损率都有明显的差异，而这主要是由稀土元素的$4f$轨道电子影响其化学吸附活性所致. 在硬质合金中添加稀土金属，可以明显提高其高温抗弯曲强度、抗氧化性和断裂韧性及耐磨等性能. 镁合金中加入稀土具有适宜的航天航空综合性能.

Sliney[152]研究了 La_2O_3、CeO_2 在高温下的润滑特性，另有文献[153～155]报道了稀土三氟化物的在高温条件下的抗磨和减磨性. 连亚峰[56]研究表明，稀土三氟化物的抗磨有效性从 La 到 Eu 随原子序数和 RE^{3+} 中 $4f$ 电子数的增加而增加，至于 Gd^{3+} 抗磨有效性反而下降，这是由于 Gd^{3+} 的 $4f$ 电子轨道处于半充满的稳定状态对摩擦性能的影响，另外，稀土三氟化物的抗磨有效性和其标准生成自由能和标准生成焓等物理性能参数有较好的关联性.

有关稀土配合物的报道也相当多[63, 156, 157]. 总之，稀土化合物的抗磨作用一是归功于其在摩擦表面的富集和分解产物形成保护层，二是稀土化合物与润滑剂有良好的协同效应.

上面所提到的稀土化合物也大多油溶性较差，因而它们一般只能作为固体润滑剂或润滑脂添加剂使用. 目前有关稀土化合物的报道，也主要针对价格昂贵的单一稀土化合物[158～160]，而关于价格较低的混合稀土化合物的摩擦学研究较少[59, 60, 161]. 因此拟探讨改善稀土化合物的油溶性的方法，考察有机混合稀土化合物的摩擦学行为，并探讨其摩擦化学反应机理.

4.3 有机稀土化合物的分子设计与合成方法

4.3.1 添加剂油溶性的解决方案

在第三章中，介绍了解决有机金属盐化合物在润滑油中油溶性较差的方案. 在此，采用环烷酸、油酸、二聚酸、烷基水杨酸、十二烯基丁二酸等作为原料合成的一系列的有机稀土化合物，对它们的油溶性和摩擦学特性进行研究.

4.3.2 油溶性测试方法

为考察所制备的有机羧酸稀土的油溶性，将它们分别以质量分数为1.0%、2.0%、5.0%、10.0%和15.0%加入到26# 白油中，研究其在室温和－10℃左右的溶解情况. 试验步骤见 2.2.2. 除烷基水杨酸稀土外，其余的都采用目测法考察其油溶性.

烷基水杨酸稀土颜色很深，很难用目测法来判断其溶解性，故采用以下方法进行：首先将一定量的烷基水杨酸稀土加入到基础油中，加热至60℃左右并搅拌 5 min 使之完全溶解，然后将此溶液密封在试管中，并在室温或－10℃的环境中静置 2 d，再将试管放入离心机中分离 10 min，若试管底部没有出现固体沉淀物，则认为其在该条件下具有油溶性.

4.3.3 有机羧酸稀土的合成

(1) 化学反应原理

有机羧酸金属盐的合成方法一般有：羧酸与金属直接反应、羧酸与金属氢氧化物反应、复分解反应、羧酸与金属氧化物反应等. 其中复分解反应的应用最多，适合于大多数有机羧酸金属盐的合成. 它利用水溶性羧酸盐与水溶性金属盐反应，生成不溶于水的羧酸金属盐. 在这里，同样采用复分解反应制备有机羧酸稀土化合物，其合成路线如下(其中：RE 代表稀土元素，在此仅列出了＋3 价稀土离子的化学反应方程式)：

$$RE_2O_3 + 6HCl \longrightarrow RECl_3 + 3H_2O$$

$$RCO_2H + KOH \longrightarrow RCO_2K$$

$$3RCO_2K + RECl_3 \longrightarrow RE(RCO_2)_3 + 3KCl$$

图 4－1 有机羧酸稀土化合物的合成

(2) 结构的表征及稀土含量测定方法

为确认目标产物的结构，用红外光谱和发射光谱仪对原料和产物进行分析.

1) 油溶性有机羧酸稀土中金属含量测定方法

油溶性有机羧酸稀土中金属含量的测定参照上海市企业标准 Q/GHTF 55-2002 进行. 测试步骤如下：

称取 0.2～0.3 g(精确到 0.000 1 g)样品，置于 250 mL 锥形瓶

中，用 10 mL NY-200 溶剂油稀释后（必要时可以加热），加入 20～30 mL 95%的乙醇，摇匀，加入少许盐酸羟胺，准确加入 20 mL 浓度为 0.05 mol/L 的 EDTA 标准滴定溶液，摇匀，接着加入 10 mL 盐酸缓冲溶液，再加入 3 滴二甲酚橙指示剂，以浓度为 0.05 mol/L 的氯化锌标准滴定溶液滴定，当溶液由黄色刚好变化到粉红色时即为终点.

稀土总含量的计算公式为：

$$\mathrm{RE}=\frac{(C_2V_2-CV)\times 0.05894}{m}\times 100\%$$

式中：C_2 为 EDTA 标准滴定溶液的浓度，mol/L；

V_2 为加入 EDTA 标准滴定溶液消耗的体积，mL；

C 为氯化锌标准滴定溶液的浓度，mol/L；

V 为滴定所消耗的氯化锌标准滴定溶液的体积，mL；

m 为试样的质量，g.

2）非油溶性有机羧酸稀土中金属含量测定方法

非油溶性有机羧酸稀土中金属含量的测定则采用灰化法进行.具体步骤如下：先将一定量的有机羧酸稀土置于坩锅中，放在电炉上燃烧，待完全燃烧后再放入 750～800℃的马弗炉中加热四个小时使之完全灰化，待冷却后再用强酸使之完全溶解，然后用等离子发射光谱测定添加剂中稀土的含量.

（3）有机羧酸稀土化合物的合成

市场上可以购买到稀土总含量为 8.0%的环烷酸稀土，但为了比较不同反应条件下所制备环烷酸稀土的物理和化学性能，同时也为了比较以不同羧酸为原料所获得的有机稀土化合物的摩擦学特性，拟自行合成环烷酸稀土.

以油酸、环烷酸、二聚酸、烷基水杨酸、烯基丁二酸和氯化混合稀土盐的水溶液为原料，采用复分解法合成有机羧酸稀土，得到的试验结果如表 4-1 所示.

表 4-1　有机羧酸稀土的合成

羧酸名称	试验方法	试　验　结　果
油　　酸	复分解反应	产率：70.0%；深黄色粘稠胶状物，稀土总含量 6.5%
环 烷 酸		产率：79.3%；黄色油状液体，稀土总含量 7.5%
烷基水杨酸		产率：68.5%；棕黑色油状液体，稀土总含量 8.2%
二 聚 酸		产率：80.6%；深黄色粘稠胶状物，稀土总含量 5.9%
烯基丁二酸		产率：70.6%；深黄色粘稠胶状物，稀土总含量 7.6%

合成步骤如下：

1）氯化稀土的制备

一定量的氧化稀土，加热浓盐酸溶解，过滤去除残留的不溶物后得到氯化稀土的水溶液.

2）有机羧酸钾盐的制备

称取一定量的有机羧酸，再加入氢氧化钾水溶液使之皂化，加热到 60～70℃，并不停地搅拌 2 h，冷却到室温后即得到相应的有机羧酸钾盐.

3）有机羧酸稀土的制备

将氯化稀土的水溶液分批加入到有机羧酸钾盐中，加热到 60～70℃，并不停地搅拌 3 h，冷却到室温后将水层分离即得到有机羧酸稀土.

对环烷酸稀土(Rare-earth Naphthenate，简称 REN)和烷基水杨酸稀土(Rare-earth Alkylsalicylate，简称 REA)而言，由于它们为油状液体，故可以通过加入石油醚萃取的方式将油层分离出来，然后将石油醚蒸发后即得到目标产物. 而对油酸稀土、二聚酸稀土和烯基丁二酸稀土而言，其产物均为粘稠胶状物，该胶状物不溶解于水中，故只需倒去水层，再用蒸馏水洗涤几次后，然后将水分蒸发掉即可得到目标产物.

(4) 有机羧酸稀土化合物的油溶性

不同加入量的有机羧酸稀土在 26# 白油中的油溶性试验结果见

表 4－2.

表 4－2　有机羧酸稀土的油溶性试验结果

有机羧酸稀土名称	质量分数/%	外　　观	
		25℃	−10℃
环烷酸稀土	1.0	淡黄色，透明，无沉淀	
	2.0	淡黄色，透明，无沉淀	
	5.0	黄色，透明，无沉淀	
	10.0	深黄色，透明，无沉淀	
	15.0	深黄色，透明，无沉淀	
烷基水杨酸稀土	1.0	黑色，无沉淀	
	2.0	黑色，无沉淀	
	5.0	深黑色，无沉淀	
	10.0	深黑色，无沉淀	
	15.0	深黑色，无沉淀	
油 酸 稀 土	1.0	不溶解	
	2.0	/	
	5.0	/	
	10.0	/	
	15.0	/	
烯基丁二酸稀土	1.0	不溶解	
	2.0	/	
	5.0	/	
	10.0	/	
	15.0	/	
二聚酸稀土	1.0	不溶解	
	2.0	/	
	5.0	/	
	10.0	/	
	15.0	/	

由表可知，环烷酸稀土和烷基水杨酸稀土在 26# 白油中溶解度都很大，即使在加入量高达 15.0%时，这两种添加剂无论在室温(25℃)还是在－10℃的条件下均具有良好的油溶性. 而油酸稀土、烯基丁二酸稀土和二聚酸稀土在白油中的溶解度都很小，说明它们的油溶性差.

下面对油溶性环烷酸稀土和烷基水杨酸稀土的摩擦学特性进行考察.

4.4 环烷酸稀土化合物的摩擦学性能

4.4.1 环烷酸稀土的合成

(1) 试验原料

环烷酸：工业级，上海长风化工厂；

稀土氧化物：化学纯，上海跃龙有色金属有限公司；

浓盐酸：化学纯，中国医药集团上海化学试剂公司；

KOH：分析纯，中国医药集团上海化学试剂公司；

石油醚(60～90℃)：分析纯，中国杭州炼油厂.

(2) 环烷酸稀土的合成

用上一节介绍的方法进行合成.

(3) 添加剂结构表征

图 4－2 和图 4－3 分别为环烷酸和环烷酸稀土的红外光谱图.

羧酸以单体形式存在时的 $\nu_{C=O}$ 在 1 760 cm^{-1}，ν_{OH} 在 3 600 cm^{-1} 左右，而图 4－2 中环烷酸的羰基吸收峰在 1 707 cm^{-1} 附近，ν_{OH} 的吸收峰则是在 3 000 cm^{-1} 附近形成一个漫散的峰包，说明环烷酸是以二聚体形式存在的.

比较二者的红外光谱图可以发现，环烷酸稀土在 1 564 cm^{-1} 和 1 544 cm^{-1} 出现了 2 个强的吸收峰，这是环烷酸成盐后羰基的反对称和对称伸缩振动峰.

(4) 油溶性试验

实验结果表明，通过控制环烷酸皂化程度(即控制氢氧化钾的加

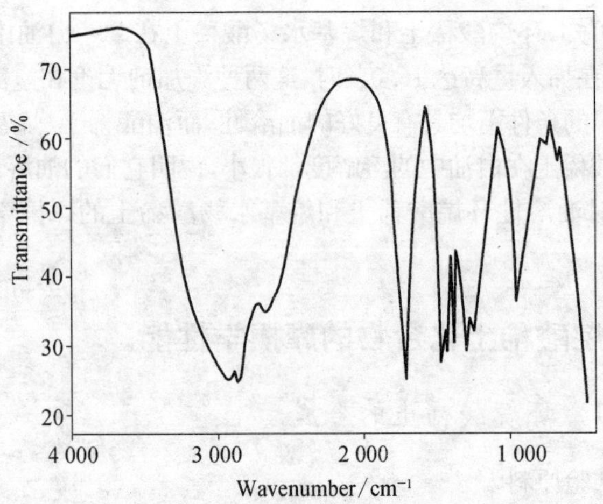

图 4-2　环烷酸的红外光谱

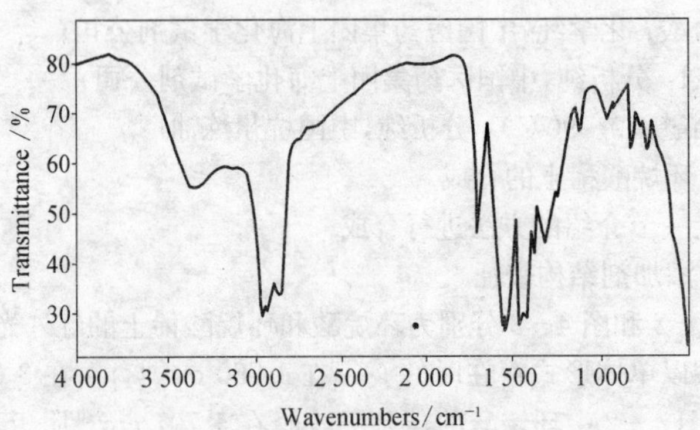

图 4-3　环烷酸稀土的红外光谱

入量)，可以得到含稀土量不同的产物，而不同的稀土含量会使得产物具有不同的外观，其油溶性也有所变化，见表 4-3.

当稀土含量在 8.0%以下时，该产物具有良好的油溶性，在所选择的实验条件下(常温和−10℃)，环烷酸稀土添加量高达 15%时，其在 26# 白油中的溶解性仍然很好. 但稀土含量大于 9.0%时，所合成的环烷酸稀土为粘稠状液体，其中夹杂有少量的胶状物，这种胶状物在基础油中不溶解，说明环烷酸稀土中稀土含量过高时其油溶性会下降，故在此采用稀土含量为 7.5%的环烷酸稀土来测定其摩擦学性能. 此外，通过与市场上可以购买得到的环烷酸稀土(稀土总含量为 8.0%)的摩擦学性能进行比较，发现所合成的稀土总含量为 7.5%的环烷酸稀土与市售产品基本一致.

表 4-3　稀土元素总含量对环烷酸稀土的物理性能的影响

稀土元素总含量 %	产物外观	油溶性试验结果
<4.0	淡黄色油状液体	好
5.0～6.0	淡黄色油状液体	好
7.0～8.0	黄色粘稠状液体	好
9.0～10.0	黄色粘稠状液体，有少量胶状固体	差

4.4.2　环烷酸稀土的摩擦学性能

(1) 添加剂含量对摩擦学性能的影响

表 4-4 列出了 REN 作为润滑油添加剂含量对磨斑直径、最大无卡咬载荷和摩擦系数的影响.

表 4-4　环烷酸稀土在 26# 白油中的摩擦学性能

质量分数/%	WSD/mm	P_B/N	$\mu\times10^{-2}$
0.0	0.64	196	9.73
0.5	0.46	333	11.0
1.0	0.38	372	8.87
2.0	0.35	549	7.96
3.0	0.41	549	8.41
4.0	0.41	549	8.57
5.0	0.41	598	8.64

1）抗磨性能

由表4-4可以看出，当添加剂的质量分数为2.0%时，磨斑直径最小，此时WSD值比基础油的下降了45.3%，含量再增大时，WSD值略有增加，恒定在0.41 mm左右，但也远小于单纯用26#白油润滑下的磨斑直径.由此说明REN作为润滑油添加剂可以有效地改善基础油的抗磨性能.

2）承载能力

添加了REN的P_B值高于26#白油的P_B值，当添加量为2.0%时，该润滑油的P_B值是基础油的2.95倍，添加量达到5.0%时的P_B值则为基础油的3.22倍，这表明REN有很好的承载性能.

3）减磨性能

REN含量在1.0%～5.0%的范围内的摩擦系数均小于26#白油润滑下的摩擦系数，表明REN添加剂具有一定的减磨性能.在含量为2.0%时，摩擦系数最小，为基础油的81.8%，表明此浓度下添加剂的减磨性能最好.当添加剂含量超过2.0%时，摩擦系数略有增加，但仍低于基础油的摩擦系数.当REN质量分数为0.5%时，其摩擦系数比基础油的略大.

(2) 载荷对摩擦学性能影响

1）抗磨性能

图4-4示出了分别含REN和ZDDP的26#白油润滑下磨斑直径随载荷关系曲线.

在载荷小于392 N时，加入REN后的WSD值比相应载荷下基础油的低，表明在不大于392 N载荷下，REN具有良好的抗磨性能，说明REN作为润滑油添加剂在低载荷下能形成有效润滑膜，从而能够增强基础油的抗磨和承载能力.当载荷超过392 N时基础油的油膜破裂，而含2.0%REN的白油的失效载荷提高到549 N以上，这说明添加剂在中低载荷下具有优良的抗磨以及承载能力.与ZDDP比较，在所选择的试验载荷范围内，REN具有比ZDDP更好的抗磨能力，在549 N的载荷下，REN的抗磨能力是ZDDP的1.63倍.

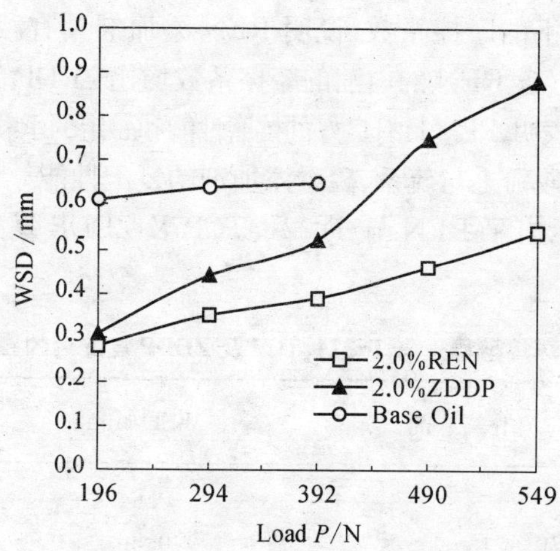

图 4-4　磨斑直径随载荷的变化曲线

2）减磨性能

图 4-5 示出了分别含 2.0%REN 和 2.0%ZDDP 的 26# 白油润滑下摩擦系数随载荷变化的关系曲线.

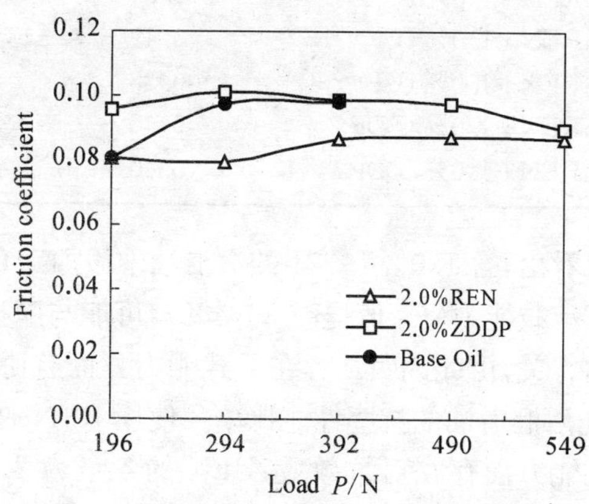

图 4-5　摩擦系数随载荷的变化曲线

在 196～392 N 载荷下，含 REN 的白油的摩擦系数均小于基础油在相应载荷下的摩擦系数,说明 REN 添加剂具有减磨性能. 载荷大于 392 N 时,含 REN 的白油的摩擦系数均比 ZDDP 的低.

以上分析表明,REN 具有良好的抗磨性能和一定的承载和减磨能力.

(3) 环烷酸稀土与硫系、磷系添加剂的复配性能

表 4-5 示出了 REN 与 T-321、TCP 及 ZDDP 复配前后的摩擦学性能.

表 4-5　环烷酸稀土与 T-321、TCP 及 ZDDP 复配后的摩擦学性能

润　滑　剂	WSD/mm	P_B/N
基础油	0.64	196
基础油＋1.0％T-321	0.56	510
基础油＋1.0％TCP	0.39	470
基础油＋1.0％ZDDP	0.46	804
基础油＋1.0％REN	0.38	372
基础油＋2.0％REN	0.35	549
基础油＋1.0％REN＋1.0％T-321	0.51	696
基础油＋2.0％REN＋1.0％T-321	0.39	696
基础油＋1.0％REN＋1.0％TCP	0.49	549
基础油＋2.0％REN＋1.0％TCP	0.38	549
基础油＋1.0％REN＋1.0％ZDDP	0.46	598
基础油＋2.0％REN＋1.0％ZDDP	0.40	598

由表可以看出,含 1.0％T-321 的润滑油中添加 1.0％的 REN 即可显著提高其承载能力(P_B 值提高 36.5％),可能与摩擦过程中生成了稀土硫化物有关,由此说明二者在承载能力方面有协同效应. REN 与 T-321 复配后润滑油的抗磨性能比单独使用 REN 时的要差,表明它们在抗磨性能方面存在对抗效应. REN 的含量为 2.0％时的磨斑直径比 1.0％时的要小得多,原因在于 T-321 虽然是好的极压剂,但由于其碳链短(只有四个碳原子),抗磨性能差,故它不是好的抗磨剂,因此二者复配时,由于竞争吸附的作用,使得 REN 的抗磨性能受

到了抑制，进一步增加 REN 的含量可使其抗磨性能有所改善. 实验表明，在此复配体系中，REN 的含量由 1.0%增加到 2.0%时，抗磨能力可提高 23.5%.

1.0%的 REN 与 1.0%的 TCP 复配后，承载能力有改善，但抗磨性能有较明显下降；当 2.0%的 REN 与 1.0%的 TCP 复配时，其承载能力和抗磨性能均比单独使用 REN 的差. 分析表明 REN 只在低浓度时才与 TCP 表现出一定的极压协同效应，在浓度较高时，它与 TCP 添加剂没有协同效应.

REN 中加入 ZDDP 后，其承载能力提高，而抗磨性能则有所下降，表明 ZDDP 能够改善 REN 的承载能力却不能改善其抗磨性能.

4.5 烷基水杨酸稀土化合物的摩擦学性能

4.5.1 引言

烷基水杨酸是含有 C_{12} 烷基取代基的水杨酸，属人工合成的有机酸，其分子结构如图 4-6 所示.

其合成原理是：在酸性白土催化剂存在下，使 C_{12} 的烯烃与苯酚发生反应生成烷基酚，然后用氢氧化钠中和成烷基酚钠，接着同 CO_2 使之羧基化，再经酸化后就得到了 C_{12} 烷基水杨酸，其合成路线如下所示.

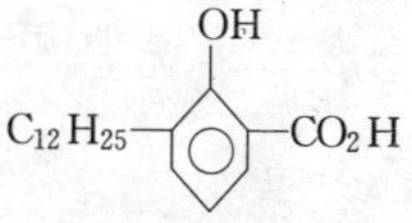

OH
$C_{12}H_{25}$—⟨苯环⟩—CO_2H

图 4-6 烷基水杨酸的结构式

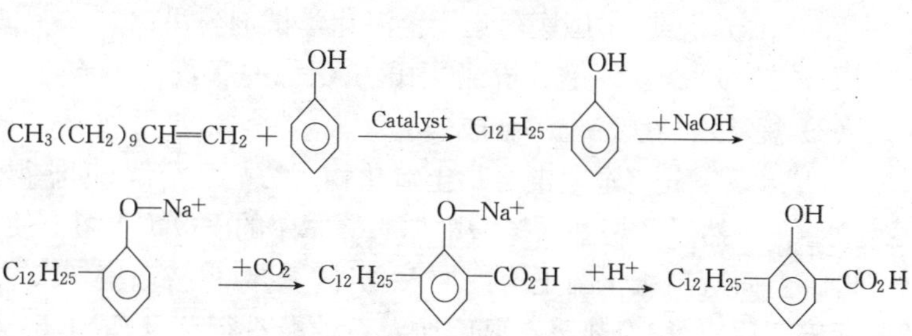

$$CH_3(CH_2)_9CH{=}CH_2 + C_6H_5OH \xrightarrow{\text{Catalyst}} C_{12}H_{25}\text{-}C_6H_4OH \xrightarrow{+NaOH}$$

$$C_{12}H_{25}\text{-}C_6H_4O^-Na^+ \xrightarrow{+CO_2} C_{12}H_{25}\text{-}C_6H_3(O^-Na^+)CO_2H \xrightarrow{+H^+} C_{12}H_{25}\text{-}C_6H_3(OH)CO_2H$$

图 4-7 烷基水杨酸的合成路线

从分子化学结构特性和其表现出来的使用性能来看，烷基水杨酸盐与烷基酚盐有相似之处. 因为水杨酸盐是用 CO_2 在烷基酚盐的苯环上引入羧基，并将金属有羟基位置转到羧基位置. 这种结构转变使其分子极性加强，高温清净性大大提高，并超过硫化烷基酚盐，但其抗氧抗腐性不如硫化烷基酚盐. 早在1930年就把水杨酸酯作为多效添加剂使用，接着发展了水杨酸盐. 在20世纪40年代初期就有专利发表，50年代开始工业生产并作为清净分散剂进行实际应用，开始为正盐，逐渐向碱性盐方向发展. 目前市场上烷基水杨酸盐主要为钙、钡、镁、锌盐，其中钙盐使用最多，已经成为国内外主要清净剂品种之一.

由于烷基水杨酸盐一般均有良好的油溶性，有良好的清净分散、抗氧抗腐，甚至还有一定的抗磨性能，因此预测烷基水杨酸稀土也有可能具有良好油溶性，且有可能成为多效添加剂.

在此，以烷基水杨酸和稀土无机盐作原料，合成了烷基水杨酸稀土化合物，对其结构进行表征，考察其在26#白油中的摩擦学行为，并初步探讨其减磨抗磨作用机理.

4.5.2　烷基水杨酸稀土的合成

(1) 原料

烷基水杨酸：工业级，兰州炼油厂；

混合稀土氧化物：化学纯，上海跃龙有色金属有限公司；

浓盐酸：化学纯，中国医药集团上海化学试剂公司；

KOH：分析纯，中国医药集团上海化学试剂公司；

石油醚(60～90℃)：分析纯，中国杭州炼油厂.

(2) 烷基水杨酸稀土的合成

合成步骤：先将适量混合稀土氧化物用浓盐酸溶解，过滤得氯化稀土水溶液. 然后在烷基水杨酸中加入等摩尔的KOH水溶液使之皂化，再将上面所制氯化稀土溶液加入，机械搅拌，保持温度70℃左右，2 h后停止反应，待冷却至室温后加入石油醚进行萃取，取上层清液，再加热去除溶液中的石油醚后得棕黑色油状液体即为烷基水杨酸稀土化合物. 产物未经进一步提纯,直接作为添加剂使用.

(3) 结构表征

图 4-8 和 4-9 分别为烷基水杨酸和烷基水杨酸稀土的红外光谱图.

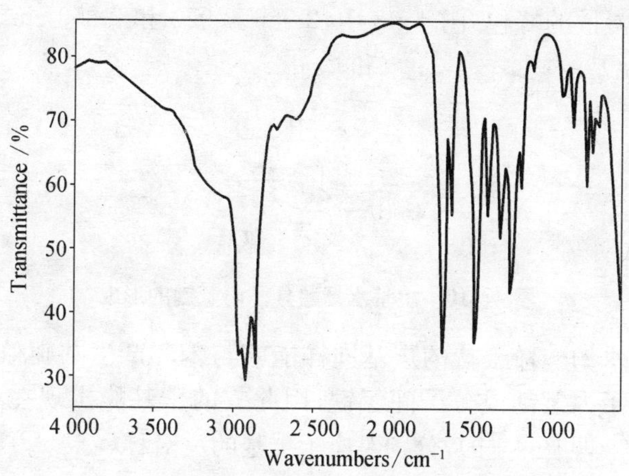

图 4-8　烷基水杨酸红外光谱

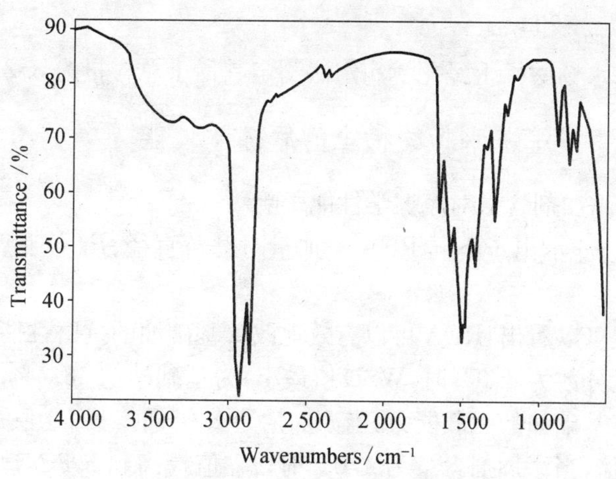

图 4-9　烷基水杨酸稀土红外光谱

羧酸以单体形式存在时的 $\nu_{C=O}$ 在 1 760 cm^{-1}，ν_{OH} 在 3 600 cm^{-1} 左右，烷基水杨酸的羰基能够与苯环产生共轭效应，同时羰基与羟基又形成了分子内氢键(见图 4-10)，二者的共同作用使得羰基的吸收峰($\nu_{C=O}$)移向低波数 1 656 cm^{-1}；ν_{OH} 的吸收峰则是在 3 300 cm^{-1} 附近形成一个漫散的峰包. 图 4-8 中，2 956、2 920 和 2 853 cm^{-1} 分别对应于 C_{12} 烷基的 $\nu_{as(CH_3)}$、$\nu_{as(CH_2)}$ 和 $\nu_{s(CH_2)}$.

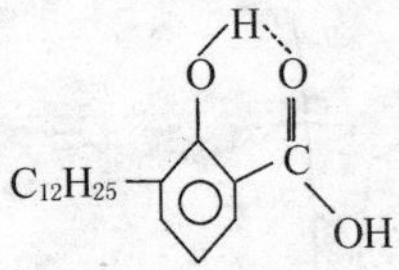

图 4-10　烷基水杨酸分子内氢键的形成

烷基水杨酸稀土盐的羰基同样能够与苯环产生共轭效应，但它不存在分子内氢键或分子间氢键，因此它的羰基峰出现在 1 540 和 1 442 cm^{-1}(见图 4-9)，分别对应于羰基的反对称($\nu_{as(C=O)}$)和对称伸缩振动峰($\nu_{s(C=O)}$)，ν_{OH} 的吸收峰则是在 3 400 cm^{-1} 附近形成一个馒头峰. 图 4-9 中，2 954、2 918 和 2 852 cm^{-1} 分别对应于 C_{12} 烷基的 $\nu_{as(CH_3)}$、$\nu_{as_{(CH_2)}}$ 和 $\nu_{s(CH_2)}$.

烷基水杨酸稀土经化学滴定法测定其稀土总含量为 8.2%.

4.5.3　烷基水杨酸稀土的摩擦学性能

(1) 添加剂含量对摩擦学性能影响

表 4-6 示出了不同 REA 添加量对磨斑直径、P_B 值和摩擦系数的影响.

由表可以看出，REA 可以有效地改善基础油的抗磨性能. 当添加剂的质量分数为 4.0%时，WSD 值最小，为基础油的 48.4%. REA 还可以提高基础油的承载能力，当添加量为 2.0%时，其 P_B 值是基础油的 2.80 倍，当添加剂含量为 4.0%时，P_B 值提高到 598 N，为基础油的 3.05 倍. 当添加剂含量在 1.0%～5.0%的范围内，其摩擦系数均小于基础油的摩擦系数，表明 REA 具有一定的减磨性能，当含量为 4.0%时，摩擦系数最小，添加剂的减磨性能最佳.

表 4-6 REA 在 26# 白油中的摩擦学性能

质量分数/%	WSD/mm	P_B/N	$\mu\times10^{-2}$
0.0	0.64	196	9.73
1.0	0.48	470	8.46
2.0	0.41	549	8.58
3.0	0.38	549	7.95
4.0	0.31	598	7.59
5.0	0.32	598	8.04

(2) 载荷对摩擦学性能影响

1) 抗磨性能

图 4-11 示出了分别含 4.0%REA 和 2.0% ZDDP 的 26# 白油

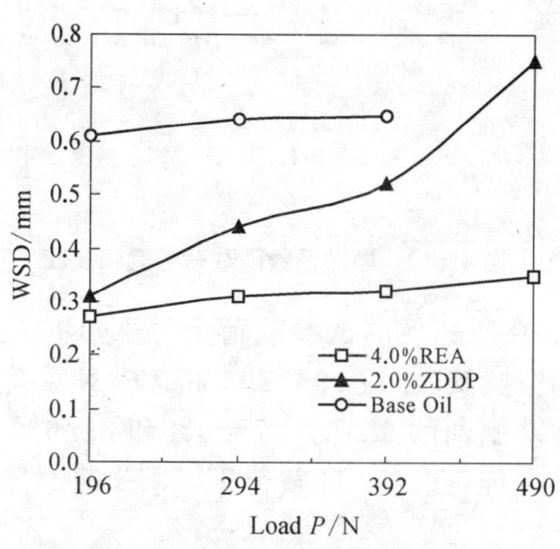

图 4-11 磨斑直径随载荷的变化曲线

润滑下磨斑直径随载荷变化的关系曲线.

由图可以看出，加入 REA 后的 WSD 值均小于基础油相应载荷下的 WSD 值，表明其具有良好的抗磨性能. 与 ZDDP 比较，在所选择的试验载荷范围内，REA 的抗磨性能比 ZDDP 的要好得多. 在 196、294、392 和 490 N 载荷条件下，REA 的 WSD 值分别是 ZDDP 的 87.1%、70.5%、61.5%和 46.7%.

2）减磨性能

图 4－12 示出了分别含 4.0%REA 和 2.0% ZDDP 的 26# 白油润滑下摩擦系数随载荷变化的关系曲线.

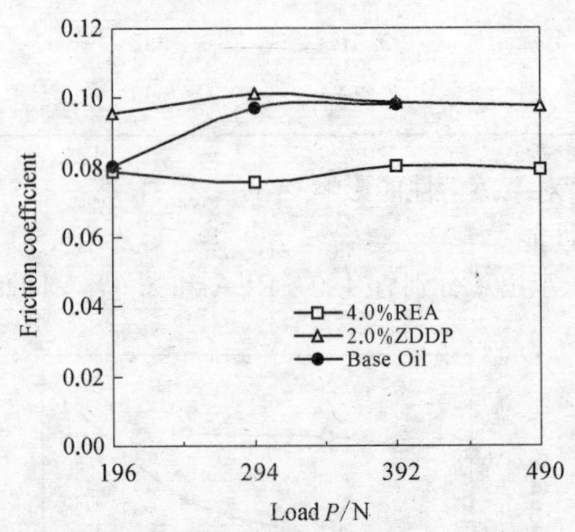

图 4－12　摩擦系数随载荷的变化曲线

由图可知，在所选择的试验载荷条件下，REA 的摩擦系数均小于基础油的摩擦系数. 在 196、294 和 392 N 载荷下，REA 的摩擦系数分别是基础油的 98.0%、78.0%和 81.6%，说明 REA 具有一定的减磨性能. 在 490 N 载荷下，REA 的摩擦系数是 ZDDP 的 81.1%.

以上结果表明，REA 具有优良的抗磨性能和一定的承载和减磨能力.

4.6 表面分析和摩擦化学反应机理

4.6.1 引言

在表面处理过程中,加入稀土金属及其化合物可以提高处理速率和强化深度及强化层性能,改善材料的摩擦学性能.尽管其内在的机理的认识还有待深入,但研究稀土表面工程及其摩擦学应用对稀土元素的应用仍然具有重要的理论和实际意义.稀土化合物作为润滑添加剂使用时,往往会在摩擦表面形成富含稀土的保护膜,从而起到保护摩擦表面的作用.因此,借鉴研究稀土表面工程及其摩擦学应用的一些方法和研究成果,可以探讨该类型添加剂的摩擦化学反应机理.

4.6.2 钢球的表面分析

由于稀土元素种类较多,且干扰较大,故在考察元素的深度分布时仅分析具有代表性的La元素的深度分布情况,进行XPS分析时也只分析了La和Ce的化学状态.其他测试条件同3.5.1.

(1) 磨斑形貌

图4-13、4-14、4-15分别为未加添加剂的26#白油、加入了2.0%的REN和加入了4.0%REA的白油润滑下的钢球磨斑形貌.

将三图比较可知,当润滑油中仅含有基础油时,其磨斑直径大,且表面有明显的犁沟现象,磨斑表面甚至有局部高温氧化色彩(呈现蓝色或蓝紫色),此时摩擦副的磨损以粘着磨损为主,也有磨料磨损出现,说明基础油在这种条件下的润滑作用不明显.在基础油中加入2.0%的REN或4.0%的REA后,钢球磨斑表面比仅由基础油润滑的条件下的磨斑光滑,磨痕也浅得多,且尺寸也小,此时摩擦副的磨损以正常滑动磨损为主,从而可以说明REN和REA添加剂均能够有效地改善基础油的抗磨性能.再将图4-14和4-15进行比较,可以发现后者的磨斑直径更小,磨痕更浅,说明REA具有比REN更好

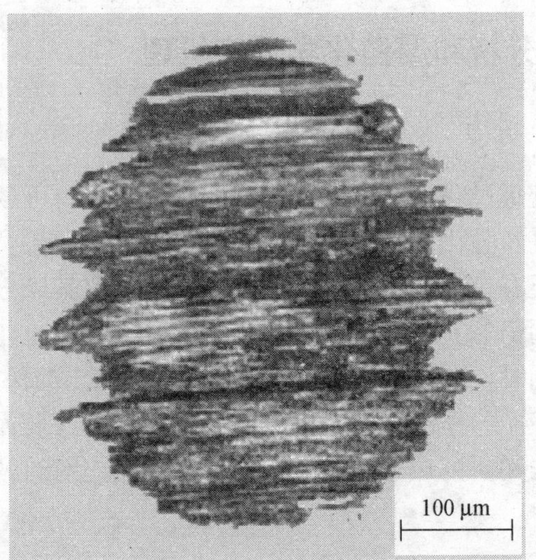

图 4－13　基础油磨斑形貌

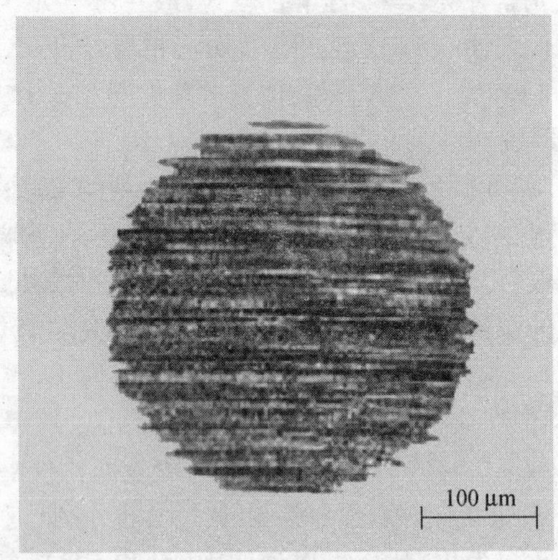

图 4－14　2.0%REN 磨斑形貌

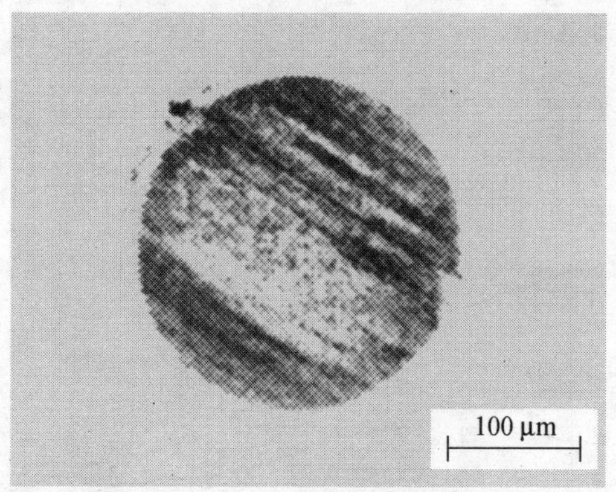

图 4-15　4.0%REA 磨斑形貌

的抗磨能力，这与前面讨论的有关摩擦学特性也是一致的.

(2) AES 分析

由于环烷酸稀土和烷基水杨酸稀土在结构上的类似，因此在此仅以环烷酸稀土为例考察其表面元素的分布情况. 图 4-16 和图 4-17 分别为基础油+2.0%REN 润滑下的钢球磨斑表面元素和元素深度

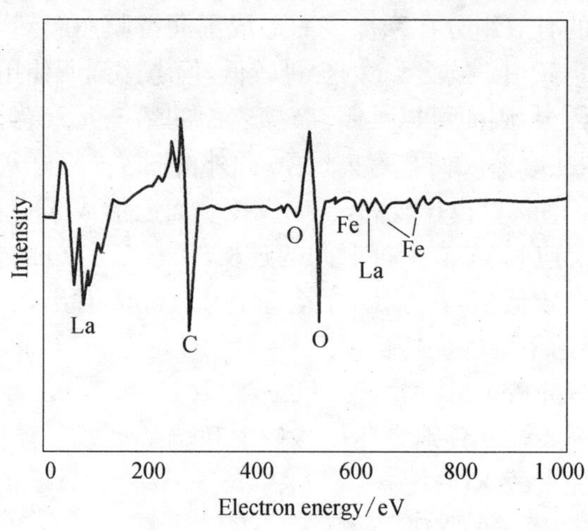

图 4-16　磨斑的 Auger 图谱

分布的俄歇电子能谱.

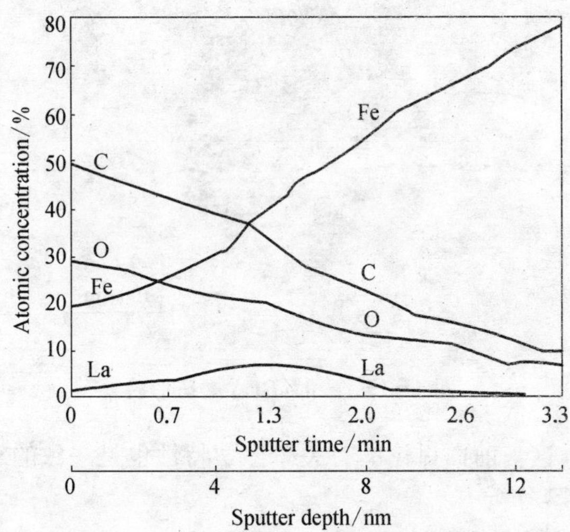

图 4－17　磨斑的元素深度分布

由图 4－16 可以看出,磨斑表面主要含稀土、Fe、C 及 O 等元素,说明添加剂的有效组分在摩擦表面形成了润滑膜而起到了减磨抗磨作用. 在图 4－17 中,虽然 La 的含量较低,但考虑到所使用的 REN 添加剂为混合稀土,因而可以推断,摩擦表面的稀土元素总含量仍然较高,稀土元素在摩擦表面有富集现象. 此外由图 4－17 还可知,表面层中的 O 和 Fe 的含量也比较高,说明摩擦表面已形成了一种含稀土量较高的化学反应膜. 随着刻蚀时间的延长,元素 C 和 O 的含量下降较快而达到一个较低值,元素 La 的含量在 1. 3 min 时出现了一个极大值,随后就迅速下降并保持低值.

(3) XPS 分析

图 4－18、4－19 分别为环烷酸稀土和烷基水杨酸稀土润滑下钢球磨斑表面元素的 XPS 图.

1) 环烷酸稀土的 XPS 分析

由图 4－18 可知,C_{1s} 峰的化学结合能在 284. 8 eV 附近,对应于

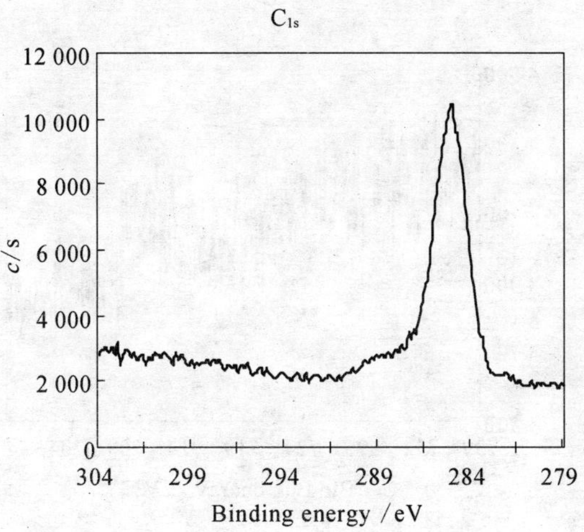
C_{1s}
12 000
10 000
8 000
6 000
4 000
2 000
0
c/s
304
299
294
289
284
279
Binding energy /eV

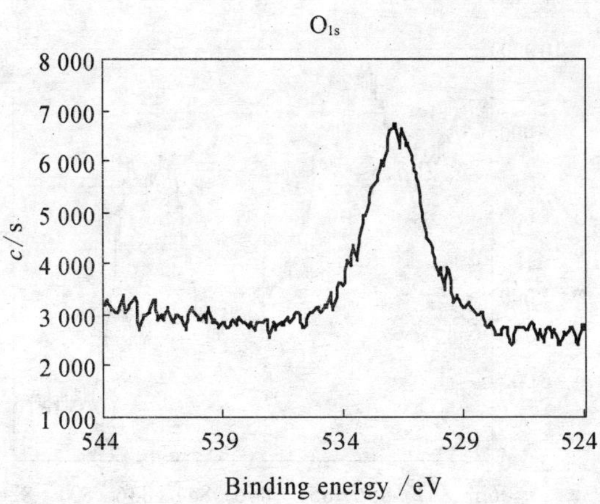
O_{1s}
8 000
7 000
6 000
5 000
4 000
3 000
2 000
1 000
c/s
544
539
534
529
524
Binding energy /eV

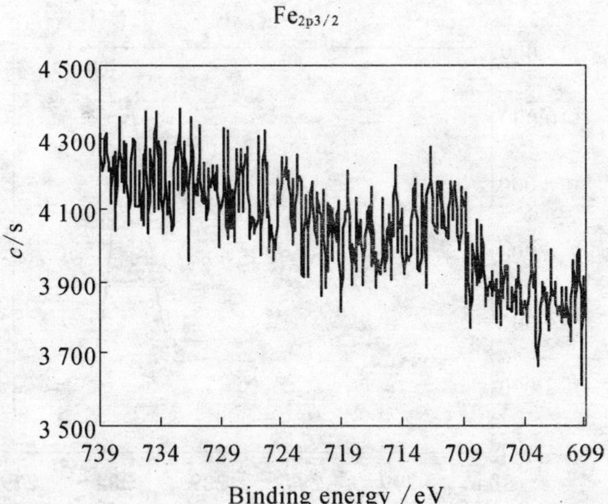
Fe2p3/2
4 500
4 300
4 100
3 900
3 700
3 500
c/s
739 734 729 724 719 714 709 704 699
Binding energy /eV

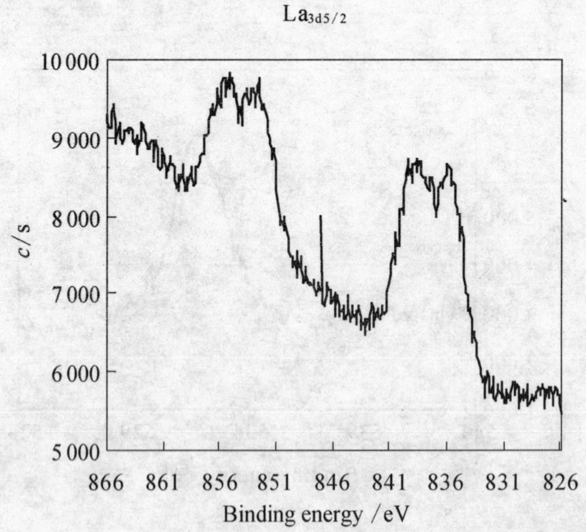
La3d5/2
10 000
9 000
8 000
7 000
6 000
5 000
c/s
866 861 856 851 846 841 836 831 826
Binding energy /eV

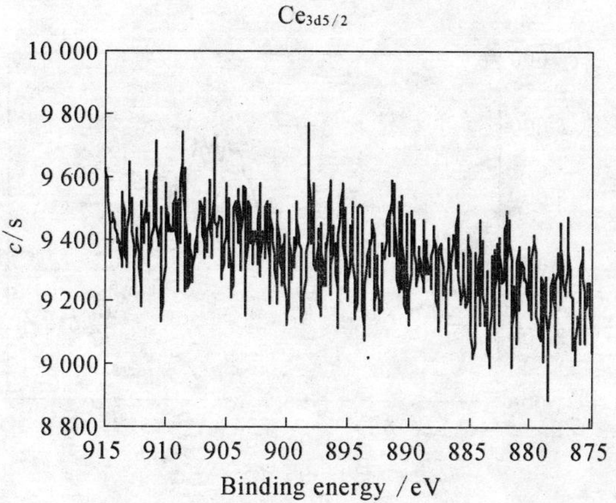

图 4-18　环烷酸稀土润滑下磨斑表面元素的 XPS 图谱

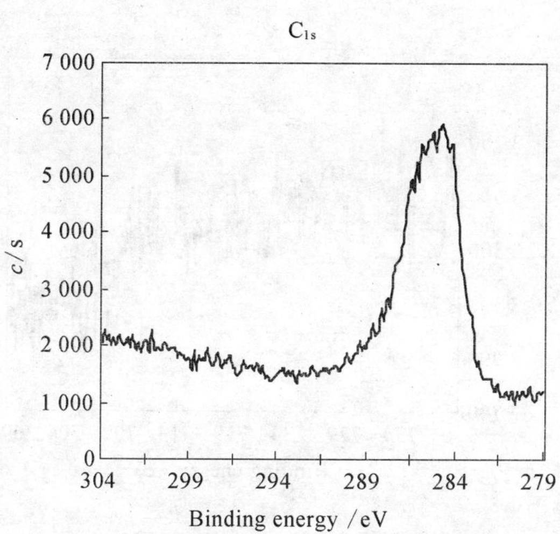

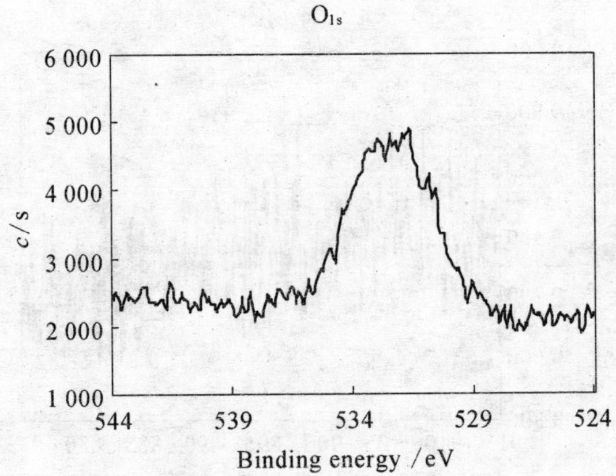
O1s
6 000
5 000
4 000
3 000
2 000
1 000
c/s
544
539
534
529
524
Binding energy /eV

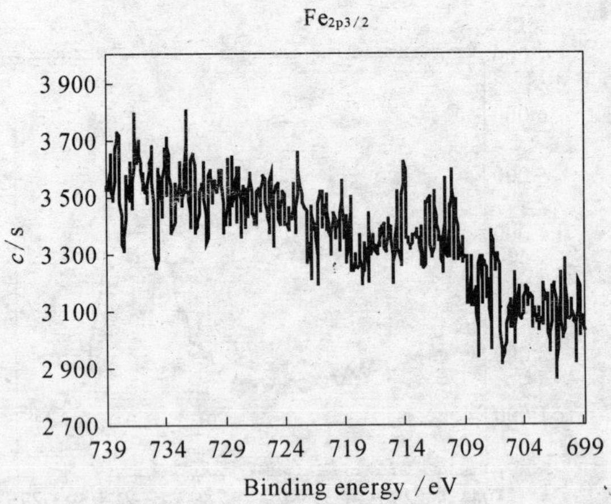
Fe2p3/2
3 900
3 700
3 500
3 300
3 100
2 900
2 700
c/s
739
734
729
724
719
714
709
704
699
Binding energy /eV

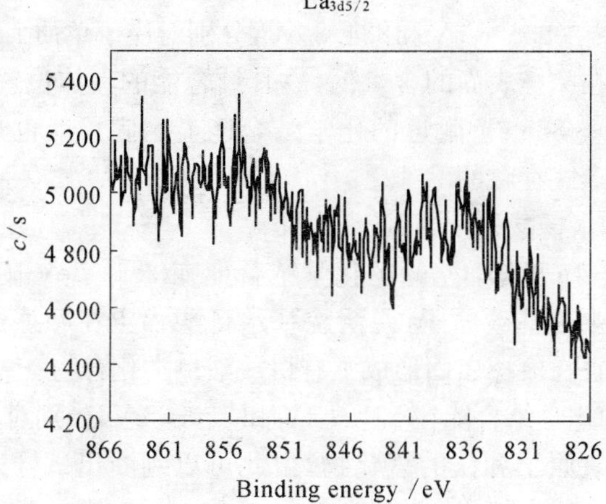

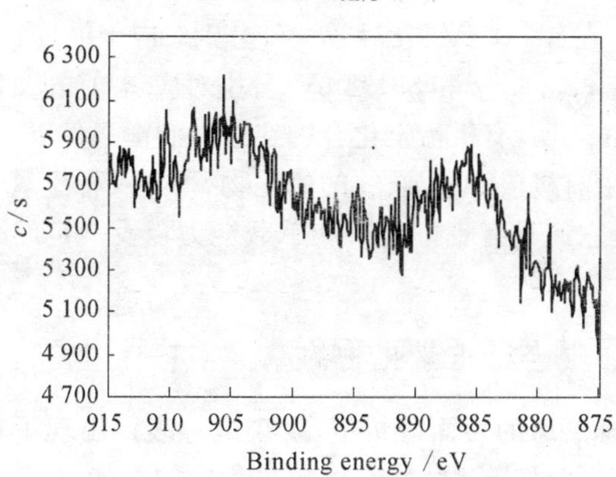

图 4-19 烷基水杨酸稀土润滑下磨斑表面元素的 XPS 图谱

有机化合物中羧基碳原子，说明环烷酸稀土在摩擦过程中发生了化学反应且在摩擦表面形成了有机羧酸皂类化合物.

O_{1s}峰的化学结合能在 531.7 eV 和 530.1 eV，分别对应于有机化合物中羧基氧原子和铁的氧化物，由此可以判断出试样表面存在铁的氧化物和含氧有机化合物.

铁元素在710.8 eV附近的化学结合能则对应于铁的氧化物.

$La_{3d5/2}$峰在835.6 eV和834.8 eV,分别对应于单质La和La_2O_3.

铈元素在摩擦表面的含量低,故其结合能的具体位置较难判定,$Ce_{3d5/2}$在880～885 eV附近的化学结合能显示它可能也是以单质和氧化物两种形式存在的.

2）烷基水杨酸稀土的XPS分析

由图4-19可知,C_{1s}峰的化学结合能在284.7 eV附近,对应于有机化合物中羧基碳原子,说明烷基水杨酸稀土在摩擦过程中发生了化学反应且在摩擦表面形成了有机羧酸皂类化合物.

O_{1s}峰的化学结合能在531.7 eV和530.6 eV,分别对应于有机化合物中羧基氧原子和铁的氧化物,由此可以判断出试样表面存在铁的氧化物和含氧有机化合物.

铁元素在709.8 eV附近的化学结合能则对应于铁的氧化物.

$La_{3d5/2}$峰在835.7 eV和834.7 eV,分别对应于单质La和La_2O_3.

$Ce_{3d5/2}$在883.4 eV和881.4 eV,分别对应于单质Ce和CeO_2.

以上分析表明,有机稀土化合物在边界润滑条件下,其摩擦表面形成了主要由有机羧酸皂类、铁的氧化物、稀土及稀土氧化物组成的边界膜,这是它们具有良好抗磨和承载能力以及一定的减磨效果的主要原因.

4.6.3　混合稀土氧化物的摩擦学特性

在对钢球磨斑的表面分析中,发现摩擦表面出现了较多稀土氧化物.为考察混合稀土氧化物在摩擦过程中的贡献,对其进行了摩擦学性能测试.

混合稀土氧化物为上海跃龙有色金属有限公司提供,稀土氧化物含量大于90%,颗粒形貌见图4-20,最大尺寸小于10 μm,平均尺寸在5 μm左右.将其按1.0%～4.0%的比例分散到1#普通锂基脂中(Shell公司生产),测试其磨斑直径和最大无卡咬负荷,测试结果见表4-7.

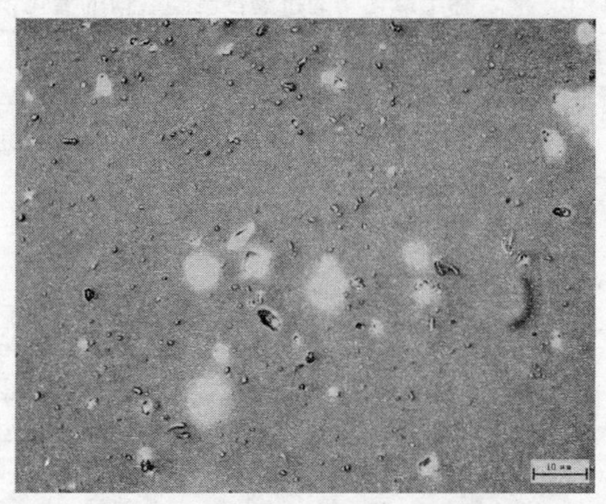

图 4-20 混合稀土氧化物颗粒形貌

表 4-7 混合稀土氧化物在 1# 锂基脂中的摩擦学性能

质量分数 /%	WSD/mm	P_B/N
0.0	0.60	647
1.0	0.46	745
2.0	0.47	804
2.5	0.47	862
3.0	0.47	862
4.0	0.46	862

由表可知，混合稀土氧化物有良好的极压抗磨性能，当含量为 1.0%时，润滑剂的磨斑直径是普通锂基脂的 76.7%，承载能力为基础脂的 1.15 倍；含量增加到 2.5%时，润滑剂的抗磨性能虽然略有下降，但承载能力则提高到基础脂的 1.33 倍. 进一步提高氧化稀土的含量，其抗磨和承载能力没有明显改善.

对混合稀土氧化物在不同载荷下的抗磨特性也进行了考察，试验结果见表 4-8.

表 4-8　混合稀土氧化物的抗磨性能随载荷的变化情况

载荷/ N	WSD/mm	
	加添加剂前	加添加剂后
196	0.51	0.33
294	0.60	0.47
392	0.68	0.56
490	/	0.64
549	/	0.88

由表可知，1# 锂基脂的失效载荷小于 490 N，而 2.5%的混合稀土氧化物的失效载荷则在 549 N 以上，说明稀土氧化物具有良好承载能力. 当载荷为 196 N 时，添加了稀土氧化物的润滑脂的磨斑直径为基础脂的 64.7%；当载荷为 392 N 时，其磨斑直径为基础脂的 82.4%，从而进一步说明混合稀土氧化物具有良好的抗磨和承载能力. 以上分析结果与文献[56, 162～164]中对单一稀土氧化物的摩擦学性能研究结果是一致的.

4.6.4　有机稀土化合物在摩擦磨损过程中的作用机理

在有机稀土化合物的摩擦磨损过程中，稀土元素的扩散扮演着重要的角色，研究其扩散规律对认识稀土元素的作用机理具有重要意义[165].

从钢球磨斑的元素深度分布图(图 4-17)可以发现，稀土元素能扩散到摩擦面的亚表层，形成一个富集梯度，并且在整个梯度上存在. 根据扩散理论，按照稀土元素原子钢体模型，其半径比铁原子半径大得多，在铁原子晶体中，稀土的扩散几乎不可能，这与观察到的稀土在表面层内的扩散现象相悖. 为了解释稀土元素的扩散现象，不同的研究者曾提出了三种可能的模型[166].

(1) 位错-畸变模型

从试验观察中发现稀土原子主要存在于合金层的晶界相界处，

在这基础上提出了位错-畸变模型. 稀土原子对表面层的轰击作用，造成合金层原子晶格严重畸变，产生大量缺陷，体系变成亚稳态，为稀土原子的扩散创造了条件.

(2) 空位团模型

稀土原子渗入晶体后，晶格畸变严重，非平衡空位数目增多，多个空位偏聚组合，出现一定数量的空位团，为稀土的扩散提供了良好的通道，使得稀土渗入合金层成为可能[167].

(3) 原子可变尺寸模型

稀土原子与其他元素原子相互作用，特别是被典型的非金属元素电离极化后，其半径可能发生改变. 通过计算发现[166]，在铁原子晶格中稀土原子被极化后，原子半径大大减少，La 原子半径从 0.187 7 nm减少到 0.127 7 nm，Ce 原子半径从 0.183 nm 减少到 0.138 5 nm，变化后的稀土原子半径与铁原子半径 0.121 nm 比较接近，根据扩散理论，使得稀土原子可以在铁原子晶格内进行扩散.

我们认为，在有机稀土化合物的摩擦磨损过程中，在轴向载荷和摩擦力的双重作用下，摩擦表面形成一定程度的变形层，使得表面位错密度和空位浓度增加，晶格产生严重畸变，为稀土原子向晶体内扩散提供了必要条件，而且在摩擦闪温和可能的极化作用下，加速了稀土的扩散，因此稀土元素原子的扩散机制可能是以上三个方面综合作用的结果，只是在不同条件下某一方面占主导作用而已. 据此，我们推测有机稀土化合物在边界润滑条件下，摩擦表面和亚表面可能发生了不同的化学和物理作用，从而使得摩擦表面的耐磨性提高，其摩擦化学反应机理示意图如图 4 - 21 所示，式中 R 为带支链的环烷基或烷基取代的苯酚基团，R′H 为基础油分子，RE 为稀土元素.

首先是有机稀土化合物在摩擦表面发生物理吸附，然后在微量水分和摩擦能量的作用下，有机稀土化合物发生分解，生成有机羧酸和稀土氧化物. 稀土氧化物也可以在摩擦能量的作用下发生还原反应，从而生成单质稀土金属. 这种经摩擦化学反应生成的稀土氧化物和单质稀土颗粒的尺寸一般为纳米级，它们能够沉积在摩擦表面的

$$\text{Fe (Friction and wear)} \longrightarrow Fe^{2+} + e\text{(Exoelectron)}$$

$$(R-\overset{\overset{\displaystyle O}{\|}}{C}-O-)_3RE + H_2O \xrightarrow[\text{Energy}]{\text{Friction}} R-\overset{\overset{\displaystyle O}{\|}}{C}-OH + RE_2O_3$$
(Inorganometalic load-carrying film)

$$RE_2O_3 + e \xrightarrow[\text{Energy}]{\text{Friction}} RE \text{ (Inorganometalic load-carrying film)}$$

$$R'H + O_2 \longrightarrow R'OOH \longrightarrow R''-CO_2H \text{ (Tribopolymer or resin)}$$

$$R(R'')-\overset{\overset{\displaystyle O}{\|}}{C}-OH + e \longrightarrow R(R'')-\overset{\overset{\displaystyle O}{\|}}{C}-O^- \text{ (Negative ion)} + H_2$$

$$R(R'')-\overset{\overset{\displaystyle O}{\|}}{C}-O^- + Fe^{2+} \longrightarrow R(R'')-\overset{\overset{\displaystyle O}{\|}}{C}-O-Fe-O-\overset{\overset{\displaystyle O}{\|}}{C}-R(R'')$$
(Organornetalic protective film)

$$R(R'')-\overset{\overset{\displaystyle O}{\|}}{C}-OH + Fe \longrightarrow R(R'')-\overset{\overset{\displaystyle O}{\|}}{C}-O-Fe-O-\overset{\overset{\displaystyle O}{\|}}{C}-R(R'')$$
(Chemisorbed protective film)

$$R(R'')-\overset{\overset{\displaystyle O}{\|}}{C}-O-Fe-O-\overset{\overset{\displaystyle O}{\|}}{C}-R(R'')$$

$$\xrightarrow[\text{Energy}]{\text{Friction}} Fe_xO_y \text{(Inorganometalic load-carrying film)}$$

图 4-21　有机羧酸稀土的摩擦化学反应机理

凹陷处,可以降低表面粗糙度,从而降低摩擦系数. 同时稀土氧化物也是一种良好的抛光剂,因而在摩擦过程中也可以起到抛光的效果. 单质稀土和稀土氧化物沉积在摩擦表面上时,还可以减少金属表面间的直接接触的机会,因而可以起到极压抗磨作用. 此外,稀土元素还有可能渗透到摩擦亚表面形成新的稀土与铁的合金化合物,从而改善其抗磨能力. 而有机羧酸则与金属表面发生化学反应生成羧酸铁皂,这种化学吸附膜有良好的抗磨能力. 在更苛刻的条件下,羧酸铁皂会分解生成铁的氧化物,起到保护摩擦表面的作用. 此外,基础油的分子也可以在摩擦条件下发生氧化反应,生成摩擦聚合物或有机羧酸,而有机羧酸同样可以再生成铁皂. 以上复杂边界润滑膜中各组分的综合作用使得有机稀土化合物具有良好抗磨和承载性能以及一定减磨能力.

4.7 小结

(1) 在边界润滑条件下,REN 具有良好的抗磨性能和承载能力,并具有一定的减磨能力.当添加剂的质量分数为 2.0%时,其磨斑直径比基础油的下降了 45.3%,P_B 值是基础油的 2.95 倍,摩擦系数是基础油的 81.8%.与 ZDDP 比较,在所选择的试验载荷范围内,REN 具有比 ZDDP 更好的抗磨能力,在 549 N 的载荷下,REN 的抗磨能力是 ZDDP 的 1.63 倍.T-321 与 ZDDP 均能改善 REN 的承载能力,而 TCP 只在 REN 浓度较低时才能够改善其承载能力.

(2) 所合成的油溶性烷基水杨酸稀土具有优良的摩擦学性能.当添加剂质量分数为 4.0%时,磨斑直径为基础油的 48.4%,P_B 值为基础油的 3.05 倍,摩擦系数是基础油的 78.0%.与 ZDDP 比较,在所选择的试验载荷范围内,烷基水杨酸稀土的抗磨性能比 ZDDP 的要好得多.在 196、294、392 和 490 N 载荷条件下,REA 的 WSD 值分别是 ZDDP 的 87.1%、70.5%、61.5%和 46.7%.

(3) 磨斑的表面分析显示有机羧酸稀土化合物在边界润滑条件下,摩擦表面上形成了主要由有机羧酸皂类、铁的氧化物、稀土氧化物和单质稀土组成的复杂边界润滑膜,这是它们具有良好抗磨、承载性能和一定减磨能力的主要原因.

第五章　有机稀土与有机锡化合物的协同效应

5.1　引言

当润滑油中含有多种添加剂时，这些添加剂之间可能存在对抗效应或协同效应.有研究表明含硼抗磨剂与其他某些类型的抗磨剂之间存在一定的协同抗磨作用[137~139, 168].同时，稀土元素及其化合物作为热处理的重要催渗剂、共渗剂的研究与应用已有二十多年的历史，关于有机稀土与其他添加剂的协同效应研究也有报道[148, 169].

在前文中，已经详细讨论了有机稀土和有机锡化合物的摩擦学特性，并对它们与当前使用比较普遍的抗磨极压添加剂的复配性能进行了探讨.在此，对环烷酸稀土化合物和环烷酸亚锡的复配效果进行了考察，以研究它们在抗磨和减磨性能方面的协同效应或对抗效应.在这里同样选取 ZDDP 作为参照物.

5.2　有机稀土与有机锡化合物的协同效应

5.2.1　环烷酸稀土与环烷酸亚锡复配前后的摩擦学特性

在前面章节的介绍中，我们知道当 REN 添加剂的质量分数为 2.0%时，磨斑直径和摩擦系数最小而 P_B 值是基础油的 2.95 倍，说明当基础油中 REN 的含量为 2.0%时，其综合性能最佳(见表 5-1).

当 SN 含量为 0.5%时，其 WSD 值最小，P_B 值最高，而摩擦系数则为基础油的 87.9%，说明此含量时润滑油的综合性能最佳(见表 5-2).

表 5-1 环烷酸稀土在 26# 白油中的摩擦学性能

质量分数 %	WSD/mm	P_B/N	$\mu\times10^{-2}$
0.0	0.64	196	9.73
0.5	0.46	333	11.0
1.0	0.38	372	8.87
2.0	0.35	549	7.96
3.0	0.41	549	8.41
4.0	0.41	549	8.57
5.0	0.41	598	8.64

表 5-2 环烷酸亚锡在 26# 白油中的摩擦学性能

质量分数 %	WSD/mm	P_B/N	$\mu\times10^{-2}$
0.0	0.64	196	9.73
0.1	0.45	431	8.44
0.2	0.43	470	8.27
0.5	0.42	470	8.55
1.0	0.43	470	9.37
2.0	0.47	470	9.09
3.0	0.46	470	8.98
4.0	0.48	470	8.39

将 REN 和 SN 按其具有最佳综合摩擦学性能的浓度进行复配，考察它们在复配前后的摩擦学性能变化情况，其分析结果见表 5-3.

表 5-3 REN 与 SN 复配后的摩擦学特性

润 滑 剂	WSD/mm	P_B/N	$\mu\times10^{-2}$
基础油	0.64	196	9.73
基础油+0.5%SN	0.42	470	8.55
基础油+2.0%REN	0.35	549	7.96
基础油+0.5%SN+2.0%REN	0.31	549	7.64

由表5-3可知，二者复配后的磨斑直径为基础油的48.4%，摩擦系数为基础油的78.5%，且均比单独使用REN或SN添加剂的相应数据小，说明它们在抗磨性能和减磨性能方面均存在明显的协同效应.再将复配后的承载能力与仅使用REN的承载能力进行比较(均为549 N)，发现它们并没有改善.

5.2.2 载荷对复配物抗磨性能的影响

图5-1示出了载荷对复配物(2.0%REN+0.5%SN)抗磨性能的影响.

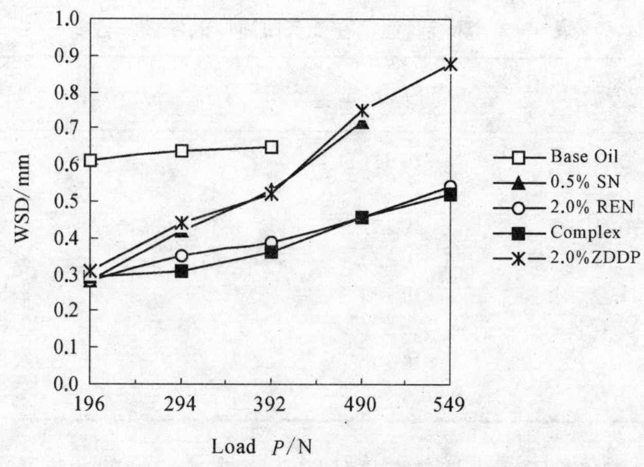

图5-1 载荷对磨斑直径的影响

由图可知，在所选择的载荷范围内，复配后的润滑剂抗磨性能比单独使用REN或SN的好，且它具有比ZDDP更好的抗磨性能，特别是在载荷较高的情况下，这种优势更为明显.在549 N载荷下，复配物的磨斑直径是ZDDP的59.1%.

5.2.3 载荷对复配物减磨性能的影响

图5-2示出了载荷对复配物(2.0%REN+0.5%SN)的摩擦系

数的影响.

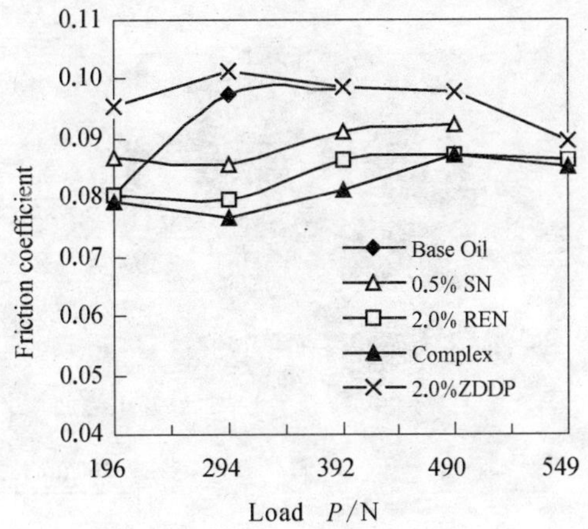

图 5-2　载荷对摩擦系数的影响

由图可知,复配后的润滑油的摩擦系数均小于基础油的摩擦系数,说明该复配物具有良好的减磨性能.当载荷为 294 N 时,其摩擦系数是基础油的 78.5%.在 196～392 N 的载荷范围内,复配物的摩擦系数比仅使用 REN 或 SN 添加剂的小.

5.2.4　钢球的表面分析

(1) 磨斑形貌

图 5-3 示出了含 2.0%REN+0.5%SN 白油润滑条件下的钢球磨斑形貌.

由图可知,添加有 REN 和 SN 复配物的钢球磨斑直径小,其表面比较光滑,磨痕也比较浅而均匀,此时摩擦副的磨损以正常滑动磨损为主,说明复配物有良好的抗磨性能,这与前面讨论的有关摩擦学特性是一致的.

(2) AES 分析

图 5-4 为基础油+2.0%REN+0.5%SN 润滑下的钢球磨斑表面元素的俄歇电子能谱分析图.

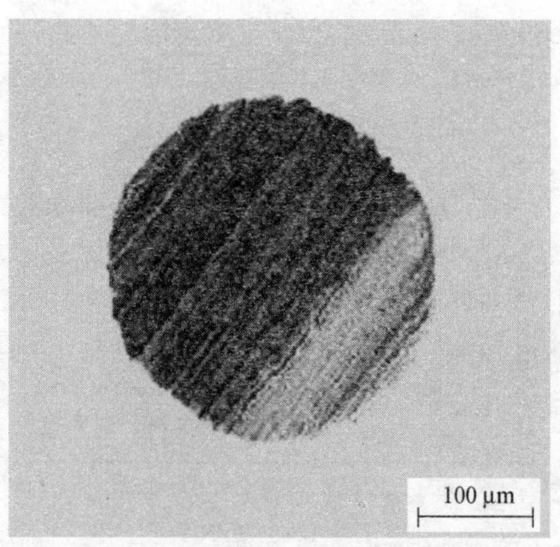

图 5-3　2.0%REN+0.5%SN 润滑条件下的磨斑形貌

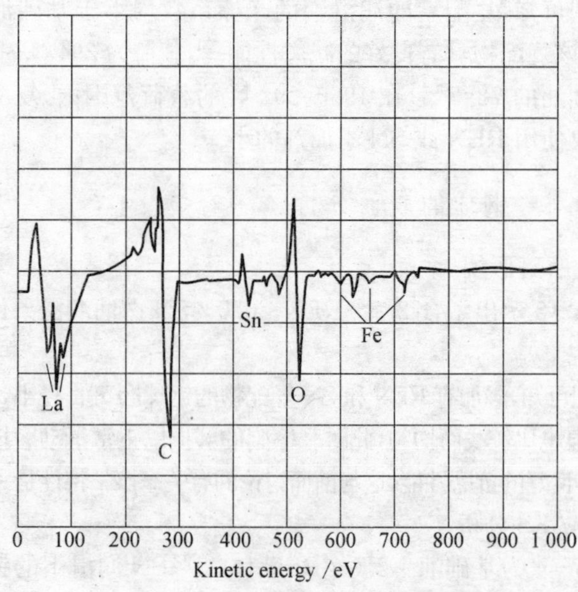

图 5-4　钢球磨斑表面的 Auger 图谱

由图 5 - 4 可以看出，磨斑表面含稀土、Sn、Fe、C、O 等元素，稀土和 Sn 元素的出现，说明摩擦过程中，润滑添加剂的有效成分进入了摩擦表面，起到了极压、抗磨和减磨作用.

(3) XPS 分析

图 5 - 5 是含环烷酸稀土和环烷酸亚锡的复合添加剂的润滑条件下的钢球磨斑表面元素的 XPS 分析图谱.

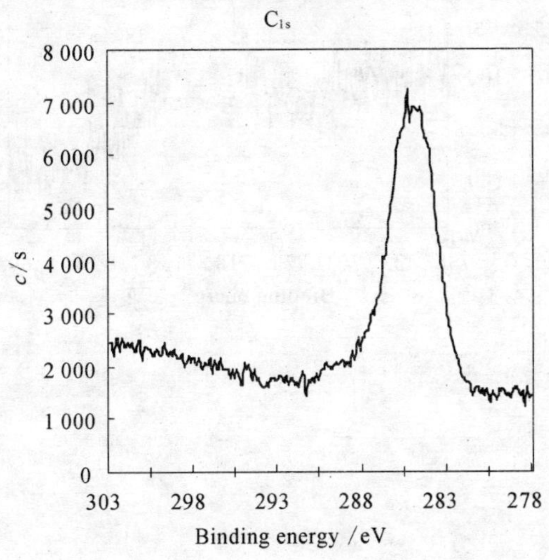

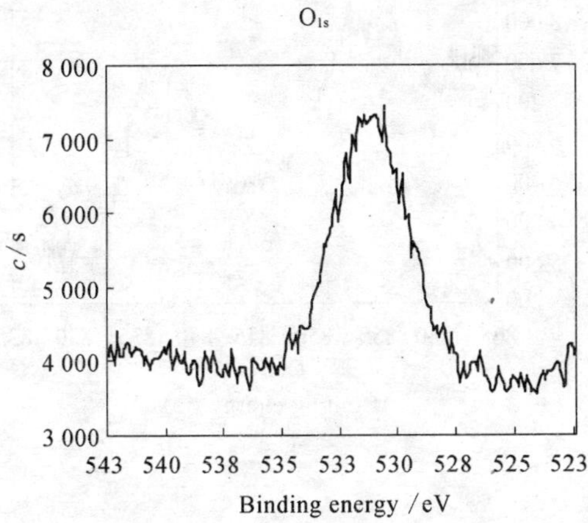

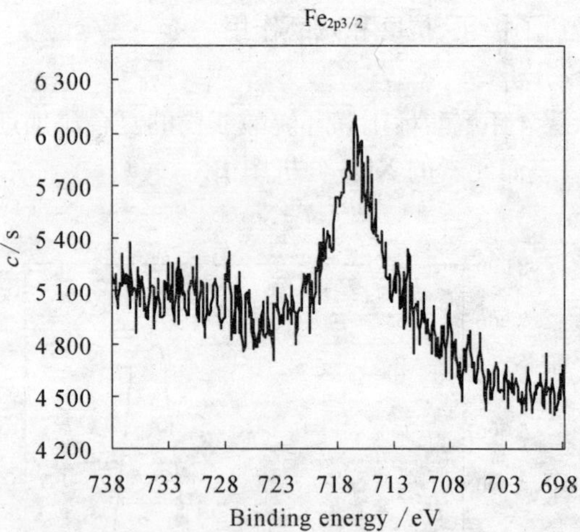
$Fe_{2p3/2}$
6 300
6 000
5 700
5 400
5 100
4 800
4 500
4 200
c/s
738 733 728 723 718 713 708 703 698
Binding energy /eV

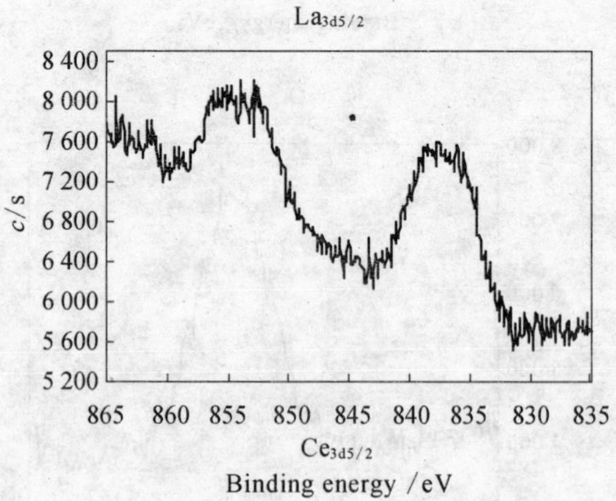
$La_{3d5/2}$
8 400
8 000
7 600
7 200
6 800
6 400
6 000
5 600
5 200
c/s
865 860 855 850 845 840 835 830 835
$Ce_{3d5/2}$
Binding energy /eV

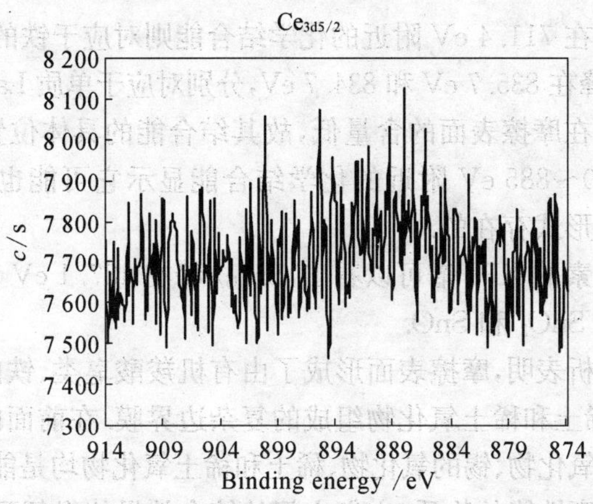

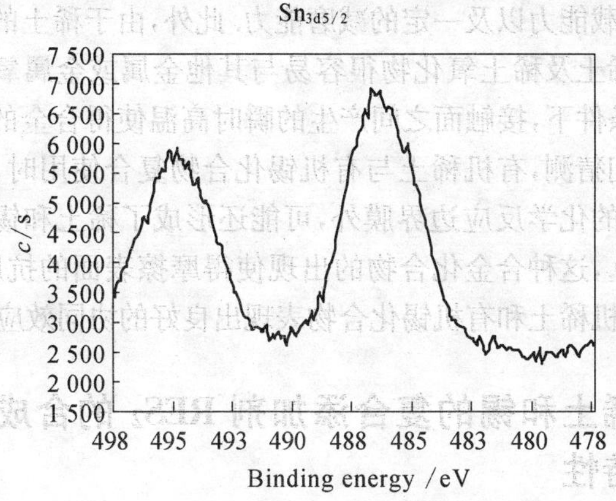

图 5-5 复合添加剂的润滑条件下的磨斑表面元素的 XPS 图

由图 5-5 可知，C_{1s}峰的化学结合能在 284.8 eV 附近，对应于有机化合物中羧基碳原子，说明摩擦表面形成了有机羧酸皂类化合物.

O_{1s}峰的化学结合能在 531.8 eV 和 530.7 eV，分别对应于有机化合物中羧基氧原子和铁的氧化物，表明摩擦表面存在有铁的氧化物和含氧有机化合物.

铁元素在 711.4 eV 附近的化学结合能则对应于铁的氧化物.

$La_{3d5/2}$峰在 835.7 eV 和 834.7 eV,分别对应于单质 La 和 La_2O_3.

铈元素在摩擦表面的含量低,故其结合能的具体位置较难判定,$Ce_{3d5/2}$在 880～885 eV 附近的化学结合能显示它可能也是以单质和氧化物两种形式存在的.

从锡元素的 XPS 谱可以看出,$Sn_{3d5/2}$峰在 487.1 eV 和486.4 eV,分别对应于 SnO_2 和 SnO.

以上分析表明,摩擦表面形成了由有机羧酸皂类、铁的氧化物、锡的氧化物、稀土和稀土氧化物组成的复杂边界膜.在前面的讨论中,已经知道铁的氧化物、锡的氧化物、稀土和稀土氧化物均是能够改善基础油极压和抗磨性能的物质,它们之间的综合效果使得复配添加剂有良好抗磨和承载能力以及一定的减磨能力.此外,由于稀土的 d 电子非常活跃,致使稀土及稀土氧化物很容易与其他金属或金属氧化物形成合金.在摩擦条件下,接触面之间产生的瞬时高温使得合金的出现成为可能,因此我们猜测,有机稀土与有机锡化合物复合使用时,摩擦表面除了上面讨论的化学反应边界膜外,可能还形成了稀土和锡的合金化合物 $RE_xSn_yO_z$,这种合金化合物的出现使得摩擦表面的抗磨能力增强,从而使得有机稀土和有机锡化合物表现出良好的协同效应.

5.3 含稀土和锡的复合添加剂 RES_2 的合成及其摩擦学特性

由于 REN 和 SN 在抗磨和减磨性能方面均存在明显的协同效应,于是进一步合成了含稀土和锡的复合添加剂 RES_2,对其摩擦学性能进行考察.

5.3.1 试验原料和添加剂的合成

(1) 原料

ZDDP、环烷酸稀土和 26# 白油均为市售产品.环烷酸稀土中稀土金属总含量为7.5%，其余部分为环烷酸.

(2) 复合添加剂的合成

合成步骤如下：将100.0 g的环烷酸稀土和32.0 g氧化亚锡混合，机械搅拌，加热至180℃左右反应4 h，趁热过滤去除未反应完全的氧化亚锡粉末，得棕黄色粘稠状液体产物RES_2. 用油料光谱仪测定产物中的锡元素含量为3.8%. 产物未经纯化，直接作为润滑添加剂使用.

(3) 添加剂的油溶性

采用目测法考察不同加入量的RES_2在26#白油中的油溶性，结果见表5-4.

表5-4　RES_2的油溶性试验结果

质量分数/%	外观	
	25 ℃	−10 ℃
5.0	淡黄色透明油状液体，无沉淀	
10.0	黄色透明油状液体，无沉淀	
15.0	深黄色透明油状液体，无沉淀	

由表可知，即使在高达15.0%加入量时，该添加剂在室温(25℃)和−10℃的条件下均具有良好的油溶性.

5.3.2　添加剂含量对摩擦学性能的影响

图5-6、5-7和5-8分别示出了基础油中SN、REN和RES_2含量分别对磨斑直径、最大无卡咬载荷和摩擦系数的影响.

(1) 抗磨性能

由图5-6可知，复合添加剂RES_2具有比REN和SN更好的摩擦学性能. 当RES_2的质量分数为3.0%时，磨斑直径最小，此时WSD值比基础油的下降了51.6%.

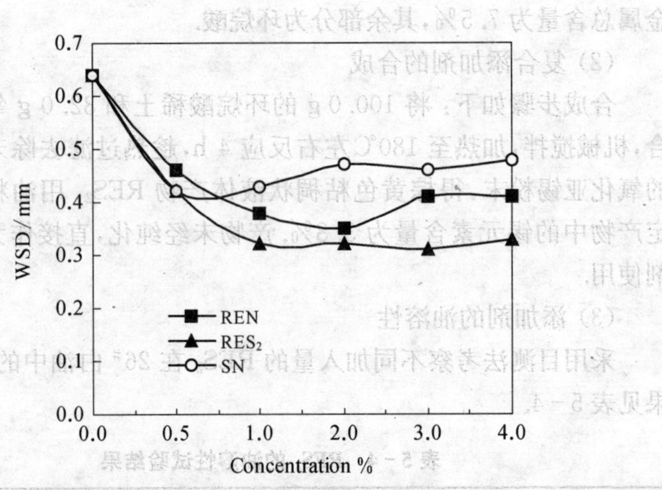

图 5-6 含量对磨斑直径的影响

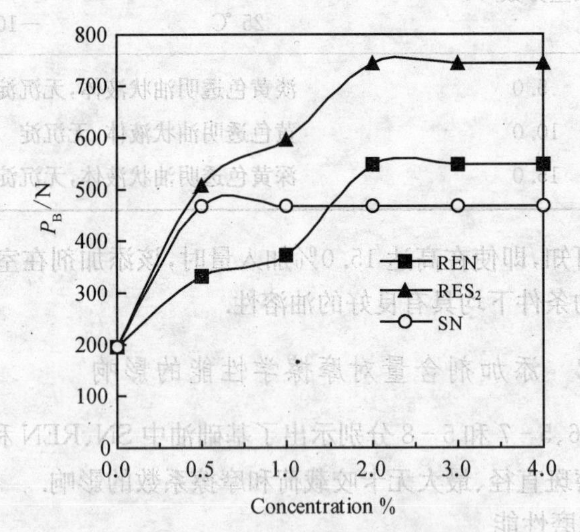

图 5-7 含量对 P_B 值的影响

(2) 承载能力

由图 5-7 可知,添加了 RES_2 后的 P_B 值高于白油的 P_B 值,当添加量为 2.0%时，其 P_B 值是基础油的 3.80 倍，这表明 RES_2 有很好的承载能力.

(3) 减磨性能

由图 5-8 可知，RES_2 含量在 0.5%～4.0%的范围内的摩擦系数均小于 26# 白油润滑下的摩擦系数，表明其具有一定的减磨性能，且其减磨性能比 REN 和 SN 的更好. 当 RES_2 添加剂含量为 3.0%时，其摩擦系数最小，为基础油的 74.1%，此时它的减磨性能最好.

以上结果同样表明，有机稀土和有机锡化合物之间存在明显的摩擦学协同效应.

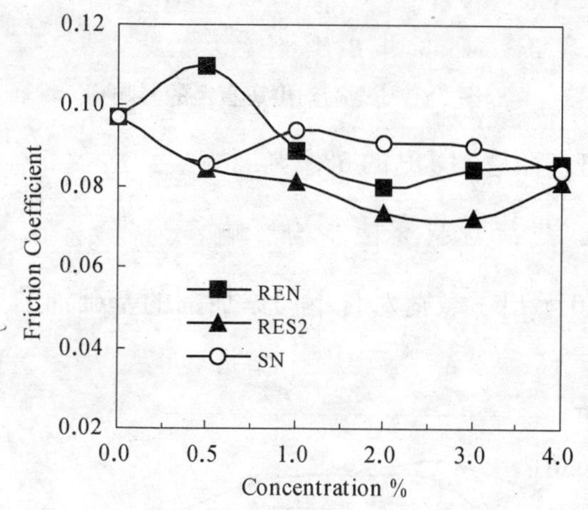

图 5-8　含量对摩擦系数的影响

5.3.3　载荷对抗磨性能的影响

图 5-9 示出了载荷对分别含相同浓度的 REN、RES_2 和 ZDDP 的基础油的磨斑直径的影响.

由图可知，在所选择的载荷范围内，RES_2 的抗磨性能比单独使用 REN 的好. 与 ZDDP 进行比较，可以发现它具有更好的抗磨性能，特别是在载荷较高的情况下，这种优势更为明显. 在 549 N 载荷下，

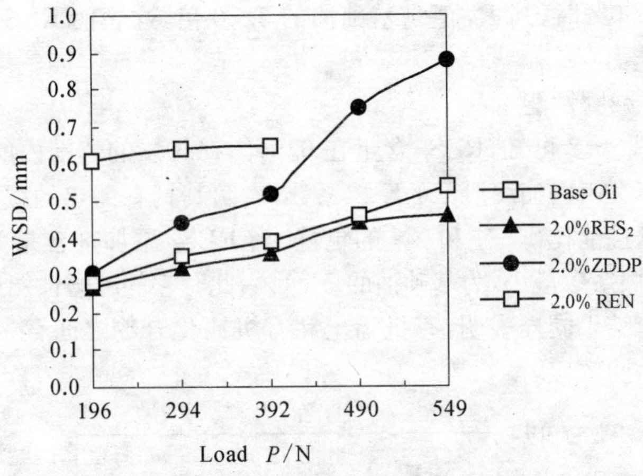

图 5-9 载荷对磨斑直径的影响

RES_2 的磨斑直径是 ZDDP 的 52.2%.

5.3.4 载荷对减磨性能的影响

图 5-10 示出了载荷对含不同添加剂的基础油的摩擦系数的影响.

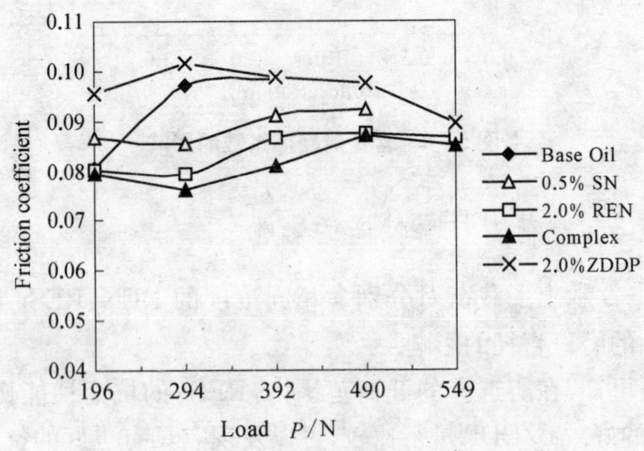

图 5-10 载荷对摩擦系数的影响

由图可知，在所试验的载荷范围内，添加了 RES_2 的润滑油的摩擦系数均小于基础油的摩擦系数，说明该复合添加剂具有良好的减磨性能. 当载荷为 294 N 时，其摩擦系数是基础油的 75.2%. 与 REN 和 ZDDP 比较，在 196～549 N 的载荷范围内，RES_2 的摩擦系数比仅使用 REN 或 ZDDP 的都小，其减磨性能最好. 在 392 N 载荷下，其摩擦系数分别是基础油、ZDDP 和 REN 的 76.8%、76.5%和 87.2%.

5.4 小结

(1) 环烷酸亚锡和环烷酸稀土化合物作为润滑添加剂在抗磨和减磨性能方面均存在明显的协同效应. 在 196～549 N 的载荷范围内，含 2.0%的环烷酸稀土和 0.5%环烷酸亚锡的复配物的抗磨和减磨性能比单独使用环烷酸稀土或环烷酸亚锡的好，且它具有比 ZDDP 更好的抗磨性能. 磨斑的表面分析显示在边界润滑条件下，该复配添加剂在摩擦表面上形成了由有机羧酸皂类、铁的氧化物、稀土、稀土氧化物和锡的氧化物组成的化学反应膜. 稀土和锡之间存在的合金效应可能是有机稀土与有机锡化合物具有协同效应的主要原因.

(2) 所制备的含稀土和锡的复合添加剂 RES_2 不含硫、磷元素，具备绿色添加剂的特征，且具有良好的油溶性. 当 RES_2 的质量分数为 3.0%时，其磨斑直径比基础油的下降了 51.6%，摩擦系数为基础油的 74.1%，而 P_B 值则是基础油的 3.80 倍. 与 ZDDP 相比，添加了 RES_2 的润滑油具有更好的抗磨性能，特别是在载荷较高的情况下，这种优势更为明显. 当载荷为 549 N 时，RES_2 的磨斑直径仅为 ZDDP 的 52.2%.

第六章　纳米金属粒子的制备和摩擦学特性

6.1　引言

前面所介绍的研究工作均是对有机羧酸金属盐摩擦学行为的考察，在对摩擦表面进行能谱分析时，曾经发现有机羧酸稀土化合物在摩擦表面有单质稀土金属出现(见4.6.2)，而有机羧酸亚锡化合物的摩擦表面则未发现有单质锡存在(见3.5.3)，为了进一步研究这种因还原反应而产生的单质金属颗粒(纳米级)对摩擦学的真实贡献，拟合成多种纳米级金属粒子，以资与相应的有机羧酸金属盐的摩擦学性能进行比较，并进一步探讨其作用机理.

纳米摩擦学是在原子、分子尺度上研究相对运动界面上的摩擦磨损与润滑行为，从而揭示微观摩擦磨损机理，设计与制备出纳米尺度上的润滑剂及减磨耐磨材料的学科. 它是随着纳米科学与技术的发展而派生出来的，是20世纪90年代以来摩擦学研究领域最活跃，也是材料科学与摩擦学交叉领域最前沿的课题. 其推动力来源于高技术发展的需求，以及现代高分辨率测试技术的不断出现. 高技术中的诸多摩擦学问题都对其抗磨、防护及润滑提出了更高的要求. 纳米微粒的特殊结构，使其具有量子尺寸效应、宏观量子隧道效应、表面效应、体积效应等四大效应，从而具有传统材料所不具备的物理化学特性. 近年来，国内外学者在纳米粒子作润滑油添加剂方面进行了一系列的研究工作[101, 102, 170～173]，涉及纳米粒子的摩擦学特性、摩擦学机理以及用于此方面的纳米粒子的制备和后处理. 研究表明纳米粒子作润滑油添加剂能明显提高基础油的摩擦学性能以及有别于“传统”添加剂的摩擦学结论，具有很好的开发应用前景，从而在摩擦学研究中开辟了一个新的前沿领域. 本章介绍纳米稀土、纳米铜和纳米铅粒子的制备方法以及它们的摩擦学性能.

6.2 纳米粒子的种类和制备方法

目前用作润滑油添加剂的纳米粒子主要有单质粉体、氧化物、氢氧化物、硫化物、硼酸盐、聚合物纳米微球以及稀土化合物等. 纳米粒子的应用受限于它们制备技术的发展. 虽然纳米金刚石已经被制备出来[174]，并将其作为润滑添加剂进行了的研究[175]，但它们的制备方法(爆轰法)独特，不具有通用性. 乙烯醇超临界干燥法[102, 176]、n-丁醇超临界干燥法以及二氧化碳超临界干燥法[177, 178]是制备纳米氧化物、纳米氢氧化物、纳米无机盐等无机纳米材料的通用技术，但这些技术需要特殊的设备和高温高压等苛刻的制备条件，故限制了它们在工业技术领域中的广泛应用. 因此，开发简单的、易于工业化生产的纳米粒子制备方法将成为一种必然的发展趋势. 化学共沉淀法[179, 180]、置换溶剂干燥法[181]、液相化学还原法[182~184]、机械物理法[185, 186]等都是制备纳米粒子的常用简便方法，其中机械法所制备的粒子粒径较大，在基础油中的悬浮稳定性不太好，但易于批量生产，故仍不失是一种比较好的纳米粒子制备方法.

6.3 纳米粒子的表面修饰

一般而言，无机纳米颗粒难以长期稳定分散于润滑油中，这限制了其在润滑油中的应用. 用作润滑添加剂的固体颗粒材料必须满足润滑油的有关标准，如其粒径必须小至纳米级方可长期稳定溶解或分散于润滑油中等. 纳米粒子极易聚集成大颗粒，且这种聚集在热力学上是不可逆的. 而这种硬度较高的大颗粒的非油溶性常使得它们在摩擦过程中起磨料磨损的作用. 解决纳米粒子团聚以及在基础油中分散性和分散稳定性是纳米粒子作润滑油添加剂应用的关键之一.为了使纳米粒子在基础油中稳定地分散,同时防止某些纳米粒子的迅速氧化,现在普遍采用的方法是用长链有机化合物对纳米粒子进行表面修饰.在无机纳米颗粒表面形成有机化合物包覆层可以防止团聚,也可以通过加强其亲油性而提高其在有机溶剂及基础油中的分散稳定性,甚至还能通过在摩擦表面吸附或/和与基体发生摩擦化学反应而提高基础油的摩擦学性能.从目前文献报道[180,182,187~190]来看,常用的表面修饰剂有:二烷基二硫代磷酸(DDP)、油酸、二乙基六氧酸(EHA)、硬酯酸、烷基磷酸酯、聚异丁烯丁二酰亚胺等.

6.4 纳米金属粒子的制备方法

有关纳米金属粒子作为润滑油添加剂的研究报道不多,其种类也主要集中在软金属(如铜、锡、铋等)方面[191~195],其中以纳米铜粒子的研究最为活跃.它们的制备方法概括起来主要为液相化学还原法和机械物理法,其中机械法制备的粒子粒径较大,在基础油中的悬浮稳定性不太好,因此当前的报道大多以液相化学还原法为主.在此,以微乳化化学还原法制备了经有机化合物表面修饰的纳米铜、纳米铅和纳米稀土粒子,发现它们具有良好的油溶性,并考察了它们在26# 白油中的摩擦学性能,用现代化分析手段对纳米颗粒及其摩擦化学反应机理进行了研究.

6.5 试验部分

6.5.1 试验原料

环烷酸铜:铜元素含量为 5.0%,工业级,上海长风化工厂;
环烷酸铅:铅元素含量为 10.0%,工业级,上海长风化工厂;
环烷酸稀土:稀土元素总含量为 8.0%,工业级,上海长风化工厂;
水合肼:含量为 50%,化学纯,中国医药集团上海化学试剂公司;

表面修饰剂：工业级；

三乙烯四胺：化学纯，中国医药集团上海化学试剂公司.

6.5.2 表面修饰纳米金属粒子的合成方法

将一定量的各种环烷酸盐、表面修饰剂和 26# 白油按一定比例加入到 500 mL 的四口烧瓶中，在 60℃水浴加热条件下，机械搅拌，然后缓缓将一定量的水合肼水溶液（含量 50%）滴加到上述溶液中，待水合肼加完后再保持温度在 70℃左右搅拌 1 h，再加入计量的三乙烯四胺中和反应过程中生成的环烷酸. 最后减压蒸馏将水蒸出，即可得到相应的表面修饰纳米金属粒子. 所得产物用等离子发射光谱测定其中金属元素的含量. 本工作制备了相应的纳米铜、纳米铅和纳米稀土粒子的油溶液.

6.5.3 油溶性、分散性和分散稳定性试验

（1）外观

用肉眼观察玻璃烧瓶中试验样品的颜色，以及是否有浑浊、沉淀现象出现.

（2）油溶性试验

为考察所制备的表面修饰纳米金属粒子的油溶性，将其分别以质量分数为 5.0%、10.0%和 15.0%加入到 26# 白油和液体石蜡中，研究其在室温和－10℃左右的溶解情况.

试验步骤如下：首先将一定量的添加剂加入到基础油中，加热至 60℃左右并搅拌 5～10 分钟使之完全溶解，然后将此溶液密封保存，将其在室温或－10℃的环境中静置 2 d. 若 2 d 后该油样没有出现固体沉淀物，则认为其在该条件下具有油溶性.

（3）分散性试验

将所制备的表面修饰纳米金属粒子分别以质量分数为 5.0%、10.0%和 15.0%加入到苯和甲苯中，室温下搅拌 5～10 min 使之完全溶解，然后将其在室温环境中静置 2 d. 若 2 d 后该油样没有出现固

体沉淀物，则认为其在苯和甲苯中具有良好分散性.

(4) 分散稳定性试验

为了研究所制备的表面修饰纳米金属粒子的分散稳定性，将表面修饰纳米金属粒子添加剂按1∶10的比例分散在60～90℃的石油醚中(即添加剂1份，石油醚10份)，用转速为4 000 r/min的离心机中离心分离40 min，观察离心管底部是否有沉淀物或分层现象，若离心管底部没有沉淀物或分层现象，则认为该纳米颗粒具有良好的分散稳定性.

6.5.4 表面修饰纳米金属粒子的形貌

为了对纳米金属粒子的形貌进行分析，将表面修饰纳米金属粒子添加剂按1∶10的比例分散在60～90℃的石油醚中(即添加剂1份，石油醚10份)，加热至60℃左右使之完全溶解，然后将其用超声波超声分散30 min，再将少量溶液滴加在铜网上，待溶剂挥发后即可对表面修饰纳米金属粒子的形貌进行分析. 所采用的仪器为：透射电子显微镜(TEM).

6.6 表面修饰纳米铜粒子的制备与摩擦学特性

6.6.1 表面修饰纳米铜粒子的制备

按6.5.2的方法合成，得到外观为棕红色粘稠状的表面修饰纳米铜粒子(简称Nano-Cu)，该产物未经进一步提纯，直接作为润滑添加剂使用. 产物经等离子发射光谱测定其中铜元素含量为2.6%.

6.6.2 表面修饰纳米铜粒子的油溶性、分散性和分散稳定性

在添加量达到15.0%时，表面修饰纳米铜粒子在26#白油和液体石蜡中仍然为透明的均匀液体，表明其具有良好的油溶性.

其在苯和甲苯中的添加量为10.0%时，仍然为透明的均匀液体(但添加量为15.0%时，有极少量沉淀出现)，表明该添加剂在苯和甲

苯中具有良好的分散性.

将表面修饰纳米铜粒子按 1∶10 比例稀释到石油醚中再离心分离 40 min 后,仍然为透明的均匀液体,表明其具有良好的分散稳定性.

6.6.3 表面修饰的纳米铜粒子的形貌

表面修饰纳米铜粒子的 TEM 照片见图 6-1.

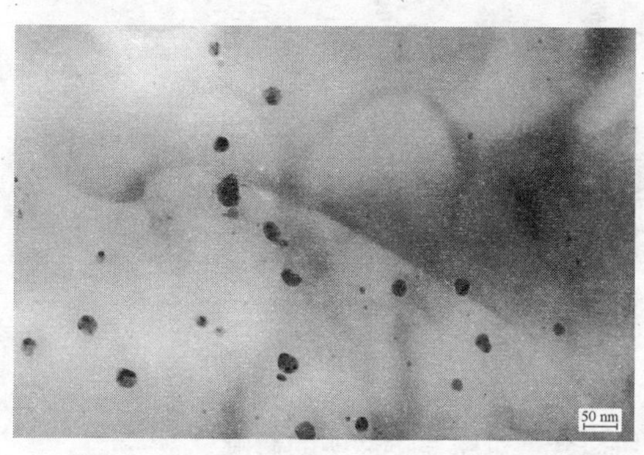

图 6-1 表面修饰纳米铜粒子的 TEM 照片

由图可知,经表面修饰后纳米铜粒子团外观基本上呈球状,尺寸在 10～30 nm 左右. 由于金属粒子在 TEM 中为不透明的黑色,而有机物则一般为半透明状,故从图上可以清楚地看出大多数球状颗粒中均存在 1 个金属核(即纳米铜粒子),也有少数球状颗粒中出现了 2～4 个金属核,这些金属核粒子的尺寸均在 10 nm 以下. 据此推测表面修饰纳米铜粒子团的生成过程如下: 首先是纳米级金属铜被还原出来后,铜原子的定向排列使之迅速长大至纳米级单质铜,由于纳米粒子的表面能很高,而表面修饰剂是极性很强的高分子化合物,因此纳米粒子表面很快就被表面修饰剂吸附,从而将纳米铜粒子包裹起来,防止了纳米铜粒子的继续长大. 当然,在被表面修饰剂完全包裹起来之前,刚生成的纳米铜粒子也有可能与其他纳米铜粒子发生碰撞,从而结合在一起,这就造成了两个甚至多个金属核的出现. 不过,由于在反应过程中，还原剂是缓慢滴加到溶液中的，故新生成的纳米铜粒子的浓度与表面修饰剂分子的浓度相比要小得多，因此出现多核的几率也就比单核的要小得多，故图中纳米粒子团中大多只有一个金属核. 其生成过程示意图如图 6－2 所示，在此仅列出了单核和双核纳米粒子团的生成过程.

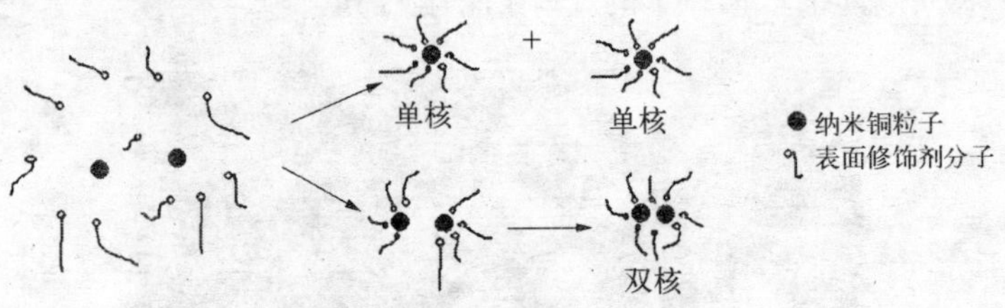

图 6－2　表面修饰纳米铜粒子的生成过程示意图

6.6.4　表面修饰纳米铜粒子的摩擦学性能

(1) 添加剂含量对摩擦学性能的影响

纳米铜添加剂含量对磨斑直径、P_B 值和摩擦系数的影响见表 6－1. 为比较该纳米铜添加剂与环烷酸铜（简称 CN）的摩擦学性能，将环烷酸铜的相关数据同样在表 6－1 中列出. 在此需要说明的是

表 6－1　纳米铜和环烷酸铜的摩擦学性能比较

添加剂质量分数/%	WSD/mm		P_B/N		$\mu\times10^{-2}$	
	Nano-Cu	CN	Nano-Cu	CN	Nano-Cu	CN
0.0	0.64	0.64	196	196	9.73	9.73
1.0	0.58	0.54	333	333	10.8	9.65
2.0	0.55	0.53	372	372	11.5	8.96
3.0	0.52	0.50	392	372	10.9	8.86
4.0	0.51	0.51	431	392	12.0	9.73
5.0	0.49	0.46	431	431	12.1	8.78

两添加剂中铜元素含量是不一致的，其中纳米铜添加剂中铜元素含量为 2.6%，而环烷酸铜中铜元素含量为 5.0%.

1）抗磨性能

由表可知，当纳米铜添加剂的质量分数为 5.0%时，其 WSD 值最小，为基础油的 76.6%，含量减少时，WSD 值略有增加，但均小于基础油的磨斑直径，说明纳米铜有一定的抗磨能力.

考虑到环烷酸铜中铜元素含量是纳米铜添加剂中铜元素含量的 1.9 倍，因此将添加量为 2.0%、4.0%时纳米铜添加剂的磨斑直径(分别为 0.55 mm 和 0.51 mm)与添加量为 1.0%、2.0%时环烷酸铜添加剂的磨斑直径(分别为 0.54 mm 和 0.53 mm)进行比较，发现二者基本相当，说明在此条件下，有机羧酸铜与纳米铜的抗磨性能没有明显的差别.

2）承载能力

当纳米铜添加剂的添加量为 2.0%时，其 P_B 值是基础油的 1.90 倍；当添加量为 4.0%时，其 P_B 值是基础油的 2.20 倍；添加剂含量再升高时，P_B 值恒定在 431 N.

同样将添加量为 2.0%、4.0%时纳米铜添加剂的 P_B 值(分别为 372 N 和 431 N)与添加量为 1.0%、2.0%时环烷酸铜添加剂的 P_B 值(分别为 333 N 和 372 N)进行比较，发现前者的相应数据略高，说明在此条件下，纳米铜的承载能力比有机羧酸铜的略高.

3）减磨性能

纳米铜添加剂的含量在 1.0%～5.0%范围内时，其摩擦系数均大于基础油的摩擦系数，说明纳米铜不但没有减磨能力，而且还会增大摩擦系数. 这与文献[191]报道的情况是一致的. 而环烷酸铜则表现出一定的减磨能力.

(2) 载荷对摩擦学性能的影响

图 6-3 示出了纳米铜添加剂含量为 5.0%时磨斑直径随载荷的变化曲线.

由图可知，加入纳米铜添加剂后的 WSD 值均小于相应载荷下基础油的 WSD 值. 当载荷为 196、294 和 392 N 时，纳米铜添加剂的磨

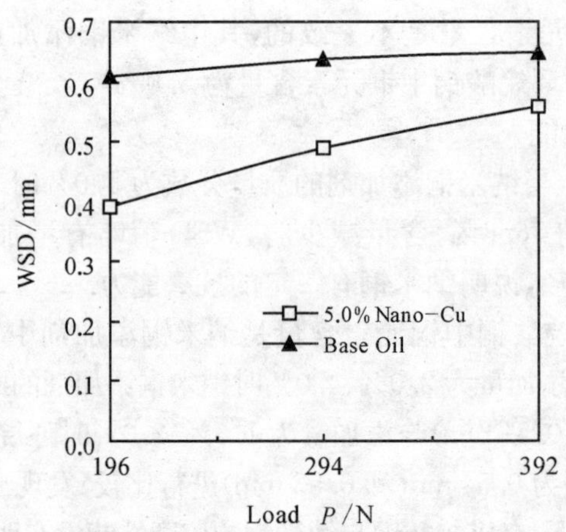

图 6-3　磨斑直径随载荷的变化曲线

斑直径分别是基础油的 63.9%、76.6%和 86.2%. 当载荷超过 392 N 时,油膜破裂,无法测定磨斑直径,说明该添加剂只在较低载荷下才具有一定的抗磨性能.

总之,纳米铜添加剂具有一定的抗磨和承载能力,其抗磨能力与有机羧酸铜的基本相当,但承载能力略强.

6.6.5　磨斑的表面分析

(1) AES分析

利用俄歇电子能谱仪分析其摩擦表面的化学组成. 图 6-4 和 6-5 为基础油+5.0%纳米铜润滑下的钢球磨斑表面元素和元素深度分布图.

由图 6-4 可以看出,磨斑表面主要含 Fe、Cu、C 及 O 元素,说明纳米铜添加剂在摩擦表面形成了润滑膜,起到了极压抗磨作用.

由图 6-5 可以看出,随着氩离子溅射时间的增加,C、O 原子浓度逐步下降;Fe 原子浓度则迅速上升;Cu 原子浓度相对较低,随着溅射深度的增加,其浓度也逐渐减少,但氩离子溅射时间达到 200 s 左右时(溅射深度约 13 nm),Cu 原子浓度达到最小值,且此时的 C 和 O 原子也基本上接近于最小值,因此可以认为纳米铜添加剂在摩擦表

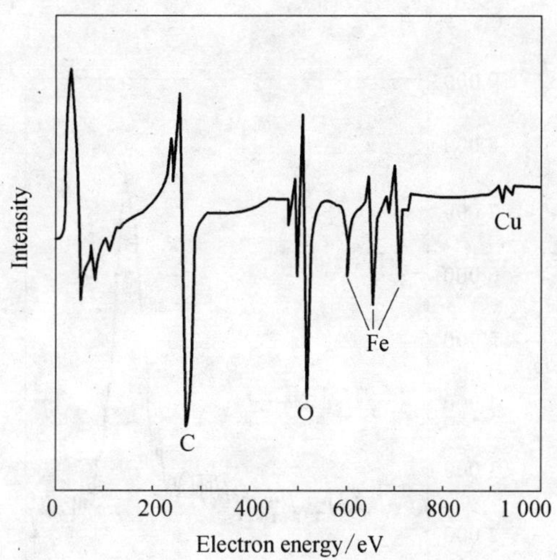

图 6-4 磨斑的 Auger 图谱

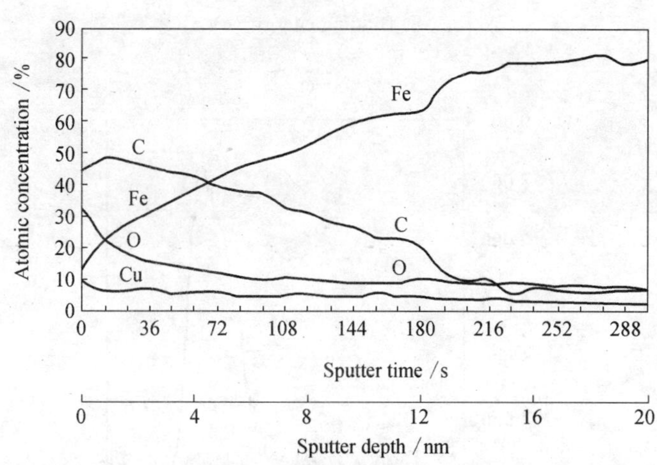

图 6-5 磨斑的元素深度分布

面形成了一层厚度约 13 nm 的保护膜.

(2) XPS 分析

图 6-6 是纳米铜添加剂润滑下钢球磨斑的 XPS 分析图.

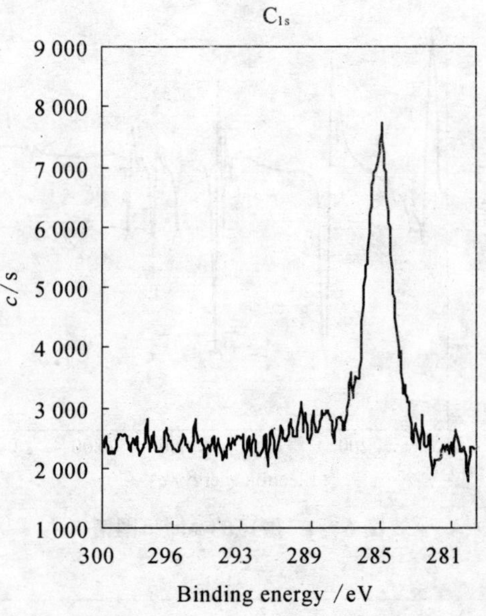
C_{1s}
9 000
8 000
7 000
6 000
5 000
4 000
3 000
2 000
1 000
c/s
300
296
293
289
285
281
Binding energy /eV

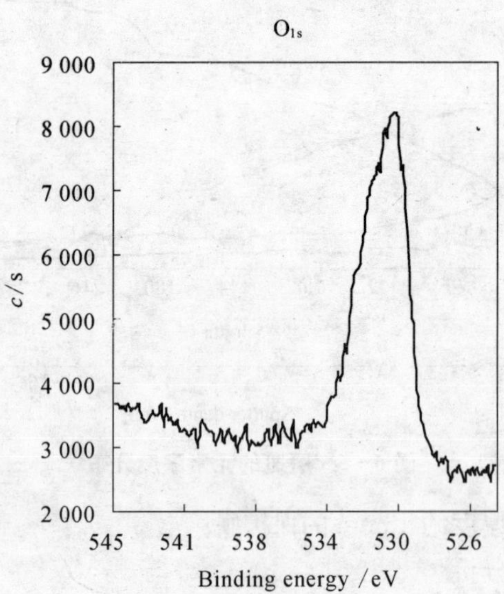
O_{1s}
9 000
8 000
7 000
6 000
5 000
4 000
3 000
2 000
c/s
545
541
538
534
530
526
Binding energy /eV

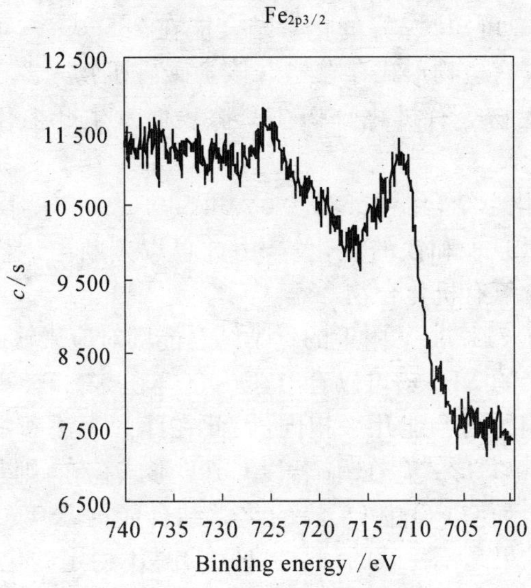

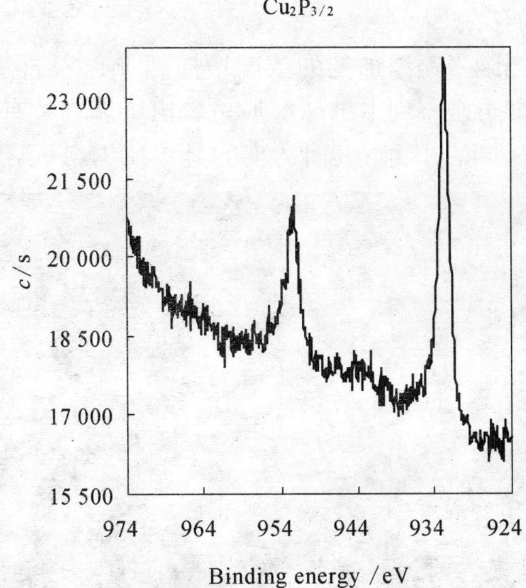

图 6-6 纳米铜润滑下的磨斑表面元素的 XPS 图谱

由图 6-6 可知，C_{1s}峰的化学结合能在 285.0 eV，可以推断碳原子主要以含碳有机物形式存在[196]，该含碳有机物来源于表面修饰剂和环烷酸衍生物等有机化合物在摩擦表面发生摩擦化学反应后的产物.

O_{1s}峰的化学结合能在 531.0 eV 和 530.1 eV，分别对应于有机化合物中羧基氧原子和铁的氧化物，由此可以判断出试样中存在有铁的氧化物和含氧有机化合物.

铁元素在 711.6 eV 附近的化学结合能则对应于铁的氧化物.

从铜元素的 XPS 谱可以看出，$Cu_{2p3/2}$峰在 932.6 eV，由于一价铜和金属单质铜的结合能几乎相同，因此在此尚无法断定铜元素是以 Cu(0)还是 Cu(I)形式存在. 倘若以 Cu(I)形式存在，则其可能的分子式应为 Cu_2O，而 Cu_2O 中 O_{1s}峰的化学结合能为 530.3 eV[194]，这与上面的分析结果是不一致的. 此外，Cu(I)是不稳定的化合价态，很容易被氧化成 Cu(II)，但摩擦表面却没有 Cu(II)出现，因此可以进一步排除一价铜的存在.

事实上，当纳米铜添加剂的浓度增加到 10.0%再进行四球长磨测试后，肉眼即可观察到上试球磨痕呈现出金属铜特有的金黄色(见图 6-7)，进一步说明摩擦表面出现的是单质铜，只不过当润滑油中

图 6-7　10.0%纳米铜添加剂润滑下的磨痕

纳米铜添加剂含量较低时，摩擦表面沉积的纳米铜膜不够厚，致使肉眼无法观察到摩擦表面的颜色变化而已. 这种主要由纳米铜粒子组成的厚度约为 13 nm 的沉积膜可能是纳米铜添加剂具有较好摩擦学性能的主要原因.

6.7 表面修饰纳米铅粒子的制备和摩擦学特性

6.7.1 表面修饰纳米铅粒子的制备

按 6.5.2 所介绍的方法合成得到灰黑色表面修饰纳米铅粒子(简称 nano-Pb)，该产物未经进一步提纯，直接作为润滑添加剂使用. 经测定其中铅元素含量为 5.4%.

6.7.2 表面修饰纳米铅粒子的油溶性、分散性和分散稳定性

在添加量达到 15.0%时，表面修饰纳米铅粒子在 26# 白油和液体石蜡中仍然为透明的均匀液体，表明其具有良好的油溶性.

其在苯和甲苯中的添加量为 15.0%时，仍然为透明的均匀液体，表明该添加剂在苯和甲苯中具有良好的分散性.

将表面修饰纳米铅粒子按 1∶10 比例稀释到石油醚中再离心分离 40 min 后，仍然为透明的均匀液体，表明其具有良好的分散稳定性.

6.7.3 表面修饰纳米铅粒子的形貌

表面修饰纳米铅粒子的 TEM 照片见图 6-8.

由图可知，经表面修饰后的纳米铅粒子团的外观基本上呈球状，尺寸在 30～40 nm 左右. 与表面修饰纳米铜相比，该纳米铅粒子团的尺寸大，且表面有绒毛状物质，这是由于纳米铅表面吸附了大量的表面修饰剂所致，绒毛状物质是表面修饰剂中长的烷基链. 从图上还可以看出，有的球状颗粒中存在 1 至 2 个金属核，这些金属核粒子的尺

寸在10 nm以下.但也有部分球状颗粒中看不到明显的金属核,这是因为表面吸附了大量的表面修饰剂,从而导致整个颗粒的颜色均很深,难以辨别出其中的金属核.

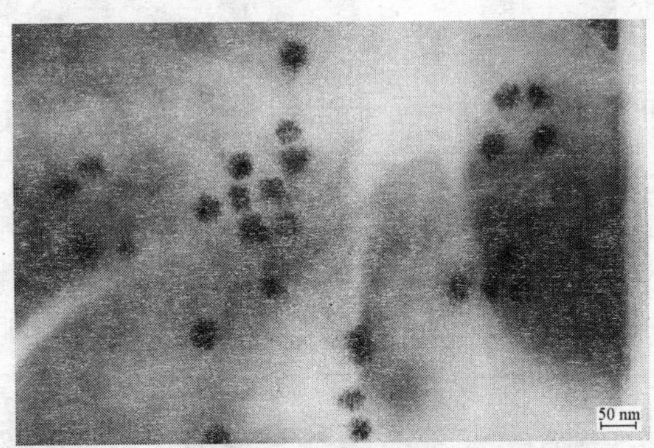

图6-8 表面修饰纳米铅粒子的TEM照片

6.7.4 表面修饰纳米铅粒子的摩擦学性能

(1) 添加剂含量对摩擦学性能的影响

纳米铅添加剂含量对磨斑直径、最大无卡咬载荷和摩擦系数的影响见表6-2.为比较该纳米铅添加剂与环烷酸铅(简称LN)的摩擦

表6-2 纳米铅添加剂和环烷酸铅的摩擦学性能比较

添加剂质量分数/%	WSD/mm		P_B/N		$\mu\times10^{-2}$	
	Nano-Pb	LN	Nano-Pb	LN	Nano-Pb	LN
0.0	0.64	0.64	196	196	9.73	9.73
1.0	0.53	0.48	431	431	11.3	9.02
2.0	0.50	0.50	470	470	10.5	8.26
3.0	0.48	0.46	510	470	10.9	8.94
4.0	0.45	0.46	549	470	10.9	8.82
5.0	0.46	0.45	549	470	11.1	8.70

学性能，将环烷酸铅的相关数据同样在表 6-2 中列出. 两添加剂中铅元素含量是不一致的，其中纳米铅添加剂中铅元素含量为 5.4%，而环烷酸铅中铅元素含量为 10.0%.

1）抗磨性能

由表可知，当纳米铅添加剂的质量分数由 1.0%增加到 4.0%时，WSD 值逐渐下降；当添加剂的质量分数为 4.0%时，其 WSD 值最小，为基础油的 70.3%；含量增加到 5.0%时，WSD 值略有增加，但均小于基础油的磨斑直径，说明纳米铅有一定的抗磨能力.

由于环烷酸铅中的铅元素含量为纳米铅添加剂中铅元素含量的 1.9 倍，因此将添加量为 2.0%、4.0%时纳米铅添加剂的磨斑直径（分别为 0.50 mm 和 0.45 mm）与添加量为 1.0%、2.0%时环烷酸铅的磨斑直径（分别为 0.48 mm 和 0.50 mm）进行比较，发现在浓度较低时二者的抗磨性能相差不大，但浓度增加时，纳米铅的抗磨性能略好.

2）承载能力

当纳米铅添加剂的添加量为 2.0%时，其 P_B 值是基础油的 2.40 倍；当添加量为 4.0%时，其 P_B 值是基础油的 2.80 倍；添加剂含量再升高时，P_B 值恒定在 549 N.

同样将添加量为 2.0%、4.0%时纳米铅添加剂的 P_B 值（分别为 470 N 和 549 N）与添加量为 1.0%、2.0%时环烷酸铅添加剂的 P_B 值（分别为 431 N 和 470 N）进行比较，发现纳米铅的承载能力明显高于环烷酸铅的承载能力.

3）减磨性能

当纳米铅添加剂含量在 1.0%～5.0%范围内时，其摩擦系数均大于基础油的摩擦系数，说明纳米铅没有减磨能力. 而环烷酸铅则具有一定的减磨能力.

（2）载荷对摩擦学性能的影响

图 6-9 示出了纳米铅添加剂含量为 4.0%时磨斑直径随载荷的变化曲线.

由图可知，加入纳米铅添加剂后的 WSD 值均小于相应载荷下基

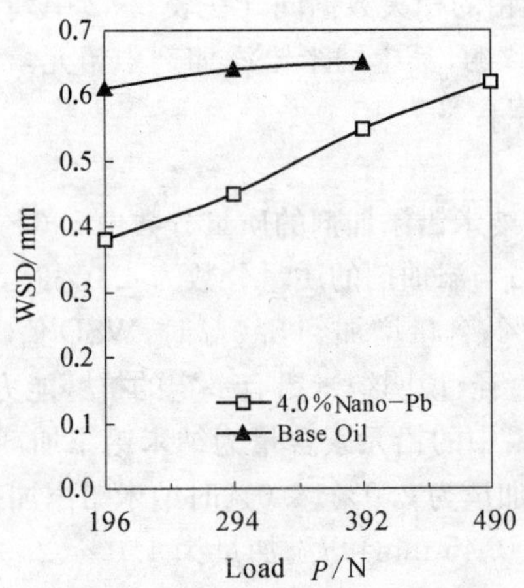

图 6-9 磨斑直径随载荷的变化曲线

础油的 WSD 值,说明该添加剂在中、低载荷条件下才具有一定的抗磨性能. 当载荷为 196、294 和 392 N 时,纳米铅添加剂的磨斑直径分别是基础油的 62.3%、70.3%和 84.6%.

总之,纳米铅添加剂具有一定的抗磨和承载能力,其抗磨能力与有机羧酸铅的基本相当,但承载能力更强.

6.7.5 磨斑的表面分析

(1) AES 分析

利用俄歇电子能谱仪分析其摩擦表面的化学组成. 图 6-10 和 6-11 为基础油+4.0%纳米铅润滑下的钢球磨斑表面元素和元素深度分布图.

由图 6-10 可以看出,磨斑表面主要含 Fe、Pb、C 及 O 元素,说明纳米铅添加剂在摩擦表面形成了润滑膜,起到了极压抗磨作用.

由图 6-11 可以看出,随着氩离子溅射时间的增加,C、O 原子浓度逐步下降;Fe 原子浓度则逐步上升;Pb 原子浓度相对较低,随着溅射深度的增加,其浓度也逐渐减少,当氩离子溅射时间达到 144 s 左

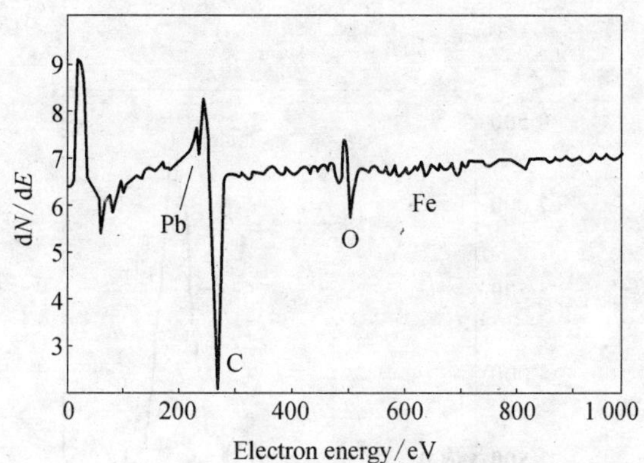

图 6-10　磨斑的 Auger 图谱

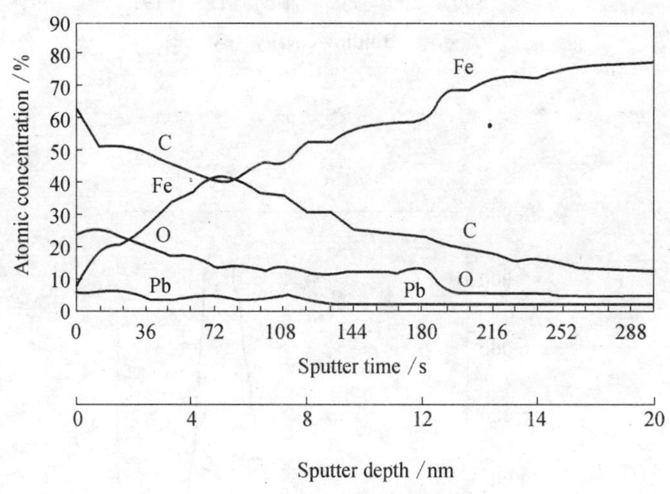

图 6-11　磨斑的元素深度分布

右时(溅射深度约 10 nm)，Pb 原子浓度达到最小值，因此推测纳米铅添加剂在摩擦表面形成了一层厚度约 10 nm 的保护膜.

(2) XPS 分析

图 6-12 是纳米铅添加剂润滑下钢球磨斑的 XPS 分析图.

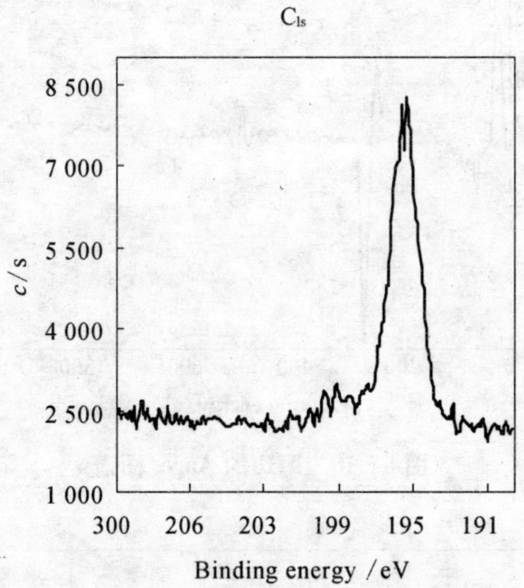
C_{ls}
8 500
7 000
5 500
4 000
2 500
1 000
c/s
300 206 203 199 195 191
Binding energy /eV

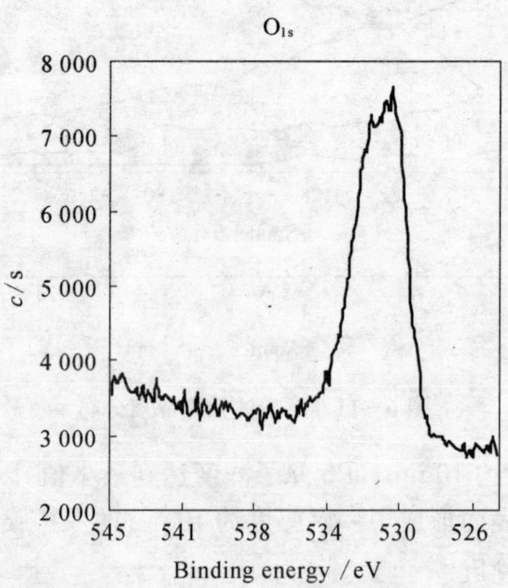
O_{1s}
8 000
7 000
6 000
5 000
4 000
3 000
2 000
c/s
545 541 538 534 530 526
Binding energy /eV

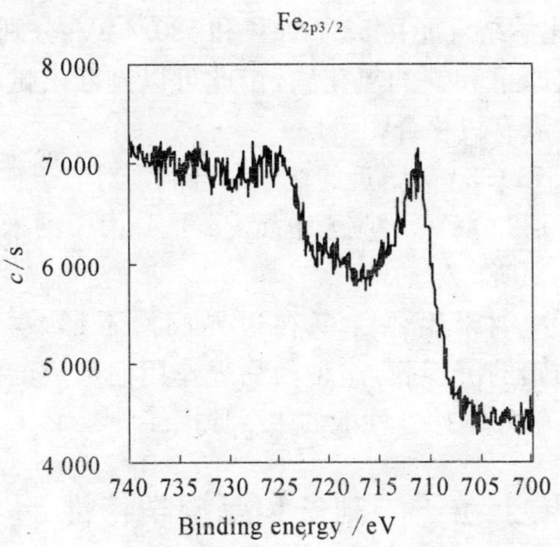

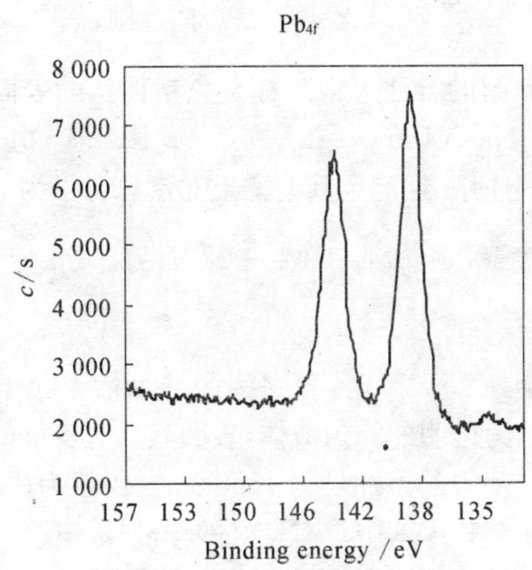

图 6-12 纳米铅润滑下的磨斑表面元素的 XPS 图谱

由图可知，C_{1s}峰的化学结合能在 285.4 和 285.6 eV 附近，表明碳原子主要以含碳有机物形式存在，该含碳有机物来源于表面修饰剂和环烷酸衍生物等有机化合物在摩擦表面发生摩擦化学反应后的产物.

O_{1s}峰的化学结合能在531.5 eV和530.4 eV,分别对应于有机化合物中羧基氧原子和铁的氧化物,由此可以判断出试样中存在有铁的氧化物和含氧有机化合物.

铁元素在711.3 eV附近的化学结合能则对应于铁的氧化物.

Pb_{4f}峰在139.0 eV,对应于单质Pb,这是由于纳米铅添加剂在摩擦表面发生沉积所产生的.

综上所述,纳米铅添加剂在边界润滑下形成一层厚度约为10 nm、含单质铅的沉积膜,这种因物理作用而形成的沉积膜是纳米铅添加剂具有较好摩擦学性能的主要原因.

6.8 纳米稀土粒子的制备和摩擦学特性

6.8.1 表面修饰纳米稀土粒子的制备

用6.5.2介绍的方法可得到棕黄色粘稠状的表面修饰纳米混合稀土粒子(简称Nano Rare-earth或Nano-RE).产物未经提纯处理,直接作为添加剂使用.经测定其中稀土元素总含量为4.2%.

6.8.2 表面修饰纳米稀土粒子的油溶性、分散性和分散稳定性

在添加量达到15.0%时,表面修饰纳米稀土粒子在26#白油和液体石蜡中仍然为透明的均匀液体,表明其具有良好的油溶性.

其在苯和甲苯中的添加量为15.0%时,仍然为透明的均匀液体,表明该添加剂在苯和甲苯中具有良好的分散性.

将表面修饰纳米稀土粒子按1∶10比例稀释到石油醚中再离心分离40 min后,仍然为透明的均匀液体,表明其具有良好的分散稳定性.

6.8.3 表面修饰纳米稀土粒子的形貌

表面修饰纳米稀土粒子的TEM照片见图6-13.

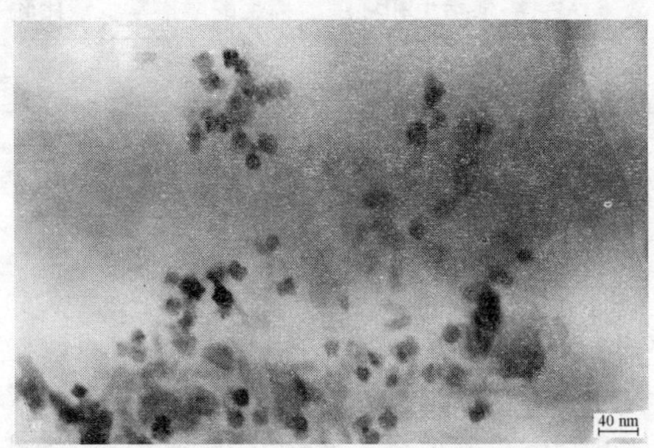

图 6-13　纳米稀土粒子的 TEM 照片

由图可知，经表面修饰后的纳米稀土粒子团外观呈不规则形状，其尺寸在 20～30 nm 左右. 部分纳米颗粒上还可以较清楚地看出其中包裹的金属核，其尺寸也在 10 nm 以下.

6.8.4　表面修饰纳米稀土粒子的摩擦学性能

将纳米稀土添加剂加入到 26# 白油中，测试它们的摩擦学性能.

(1) 添加剂含量对摩擦学性能的影响

含纳米稀土的添加剂含量对磨斑直径、最大无卡咬载荷和摩擦系数的影响见表 6-3. 为比较该纳米稀土添加剂与环烷酸稀土的摩擦学性能，将环烷酸稀土的相关数据同样在表 6-3 中列出. 两添加剂中稀土元素总含量是不一致的，其中纳米稀土添加剂中稀土元素总含量为 4.2%，而环烷酸稀土中稀土元素总含量为 8.0%.

1) 抗磨性能

由表可知，当纳米稀土添加剂的质量分数为 0.5%时，润滑油的磨斑直径明显下降，与基础油相比下降了 35.9%；当添加剂的浓度增加到 3.0%时，WSD 值最小，为基础油的 45.3%；含量增大时，WSD 值恒定在 0.29 mm，说明纳米稀土有优异的抗磨能力.

表 6-3　纳米稀土和环烷酸稀土的摩擦学性能比较

添加剂质量分数/%	WSD/mm		P_B/N		$\mu\times10^{-2}$	
	Nano rare-earth	REN	Nano rare-earth	REN	Nano rare-earth	REN
0.0	0.64	0.64	196	196	9.73	9.73
0.5	0.41	0.46	470	333	9.66	11.0
1.0	0.33	0.38	549	372	9.28	8.87
2.0	0.30	0.35	647	549	8.87	7.96
3.0	0.29	0.41	647	549	8.51	8.41
4.0	0.29	0.41	647	549	9.55	8.57
5.0	0.29	0.41	647	598	10.8	8.64

由于环烷酸稀土中的稀土元素总含量为纳米稀土添加剂中稀土元素总含量的 1.9 倍，因此将添加量为 1.0%、2.0%、4.0%时纳米稀土添加剂的磨斑直径(分别为 0.33、0.30 和 0.29 mm)与添加量为 0.5%、1.0%、2.0%时环烷酸稀土添加剂的磨斑直径(分别为 0.46、0.38 和 0.35 mm)进行比较，发现纳米稀土的抗磨性能比环烷酸稀土的抗磨性能好得多.

2) 承载能力

当纳米稀土添加剂的添加量为 1.0%时，其 P_B 值是基础油的 2.80倍；当添加量为 2.0%时，其 P_B 值提高到基础油的 3.30 倍；当添加剂含量再升高时，P_B 值不再增加，恒定在 647 N，说明纳米稀土具有良好的承载能力.

同样将添加量为 1.0%、2.0%、4.0%时纳米稀土添加剂的 P_B 值(分别为 549 N、647 N 和 647 N)与添加量为 0.5%、1.0%、2.0%时环烷酸稀土添加剂的 P_B 值(分别为 333、372 和 549 N)进行比较，发现纳米稀土的承载能力比环烷酸稀土的要高得多.

3) 减磨性能

纳米稀土添加剂含量在 0.5%～4.0%的范围内时，其摩擦系数均小于基础油的摩擦系数，说明纳米稀土具有一定的减磨性能. 当添加剂含量为 3.0%时，摩擦系数最小，添加剂的减磨性能最好，此时的摩擦系数是基础油的 87.5%. 当添加剂含量提高到 5.0%时，摩擦系数比基础油的摩擦系数大，原因可能在于润滑油中纳米粒子浓度高，因而在摩擦过程中易发生聚集，从而增大了摩擦系数.

将添加量为 1.0%、2.0%、4.0%时纳米稀土添加剂的摩擦系数(分别为 0.092 8、0.088 7 和 0.095 5)与添加量为 0.5%、1.0%、2.0%时环烷酸稀土添加剂的摩擦系数(分别为 0.111 0、0.088 7 和 0.079 6)进行比较，发现在添加量较低时，纳米稀土的减磨能力比环烷酸稀土略好，但添加量增加时，其减磨性能比环烷酸稀土的差.

(2) 载荷对摩擦学性能的影响

以 ZDDP 和 REN 为参照物，考察纳米稀土添加剂在不同载荷下的摩擦学性能.

1) 抗磨性能

图 6-14 是含量为 3.0%的纳米稀土添加剂、2.0%的 REN 和 2.0%的 ZDDP 的磨斑直径随载荷的变化曲线.

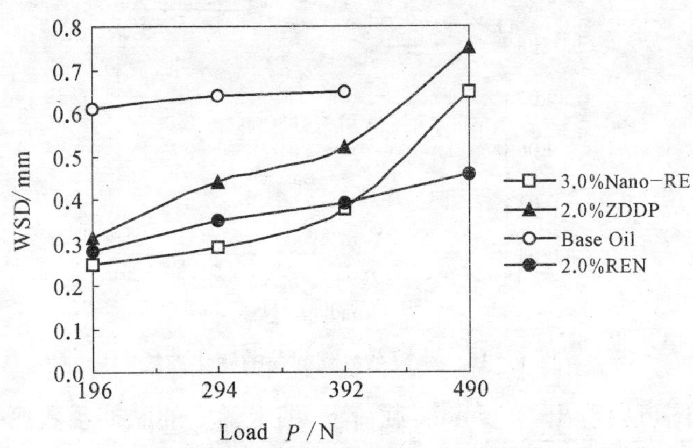

图 6-14 磨斑直径随载荷的变化曲线

由图可知，加入纳米稀土后润滑油的 WSD 值均小于相应载荷下基础油的WSD值. 当载荷为196、294、392 N时,纳米稀土的WSD值分别是基础油的41.0%、45.3%和58.5%,说明纳米稀土在所选择的载荷范围内具有优良的抗磨性能,其原因可能在于纳米稀土添加剂能形成了有效的润滑膜,从而能够增强基础油的抗磨能力.

与ZDDP相比,纳米稀土的抗磨性能均明显优于ZDDP的抗磨性能. 在196、294、392和490 N载荷条件下,纳米稀土的抗磨性能分别是ZDDP的1.24、1.52、1.37和1.15倍.

在196～392 N的载荷下,纳米稀土的抗磨性能均优于REN的抗磨性能. 在196、294和392 N载荷条件下,纳米稀土的抗磨性能分别是REN的1.12、1.21和1.03倍. 在490 N载荷条件下,纳米稀土的抗磨性能比REN的差,此时纳米稀土的WSD值是REN的1.41倍.

2）减磨性能

摩擦系数随载荷变化曲线见图6-15.

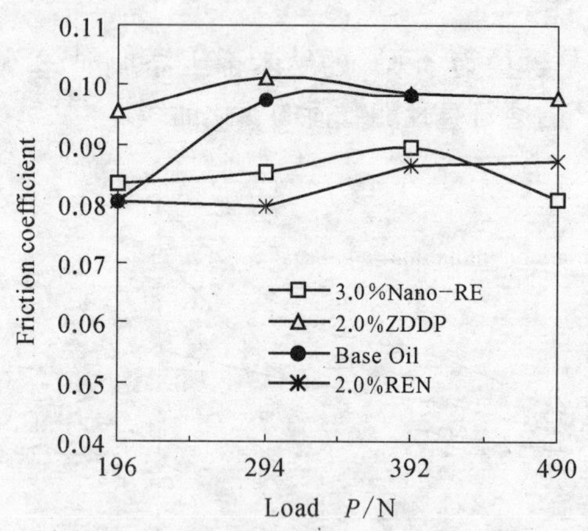

图6-15 摩擦系数随载荷的变化曲线

由图可以看出,在196 N载荷下,纳米稀土的摩擦系数比基础油的略高,但随着载荷的增加,其减磨效果逐渐显现出来. 当载荷为294 N时,纳米稀土的摩擦系数是基础油的87.5%;载荷为392 N时,纳米稀土的摩擦系数是基础油的90.9%.

与 ZDDP 比较，纳米稀土的摩擦系数均比 ZDDP 的要低.

与 REN 比较，在 196～392 N 载荷下，纳米稀土的摩擦系数均比 REN 的要高，但在 490 N 载荷下时，纳米稀土的摩擦系数是 REN 的 92.4%.

总之，纳米稀土添加剂具有比 ZDDP、有机羧酸稀土更加优良的抗磨性能，且它具有一定的减磨能力.

6.8.5 磨斑的表面分析

(1) AES分析

利用俄歇电子能谱仪分析其摩擦表面的化学组成. 图 6-16 和 6-17为基础油+3.0%纳米稀土添加剂润滑下的钢球磨斑表面元素和元素深度分布图.

由图 6-16 可以看出，磨斑表面主要含稀土 La、Fe、C 及 O 元素，说明纳米稀土添加剂在摩擦表面形成了润滑膜，起到了极压抗磨作用.

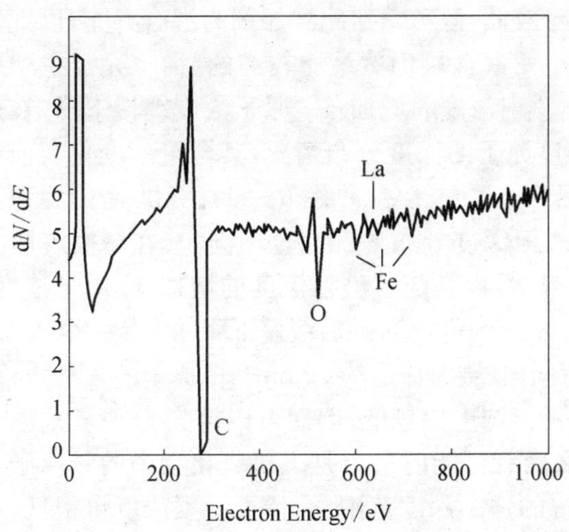

图 6-16 磨斑的 Auger 图谱

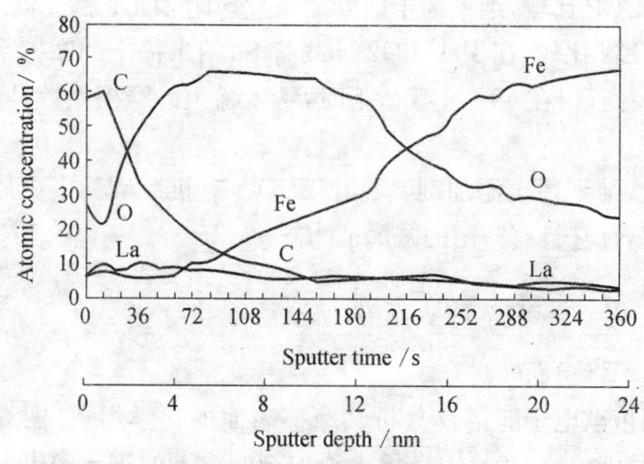

图 6-17　磨斑的元素深度分布

由图 6-17 可以看出，Fe 在表面层的含量很低，直到 72 s 后才开始逐渐上升，且增长幅度比较小. C 在表面层的含量高，但随着溅射深度的增加，其含量下降很快，在 144 s 后即达到一个相当低的数值. La 原子浓度相对较低，但考虑到此添加剂为混合稀土，因此可以认为摩擦表面的稀土元素含量仍然是比较高的，稀土元素在摩擦表面有富集现象. 随着溅射深度的增加，La 原子浓度缓慢下降. 在这里需要引起注意的是 O 原子的深度分布情况，其含量的变化与前面所介绍的纳米铜(见图 6-5)、纳米铅(见图 6-11)、有机稀土(见图 4-17)中 O 原子在摩擦表面深度分布情况完全不同. 其在摩擦表面的深度分布不是逐渐减少的，而是随着溅射深度的增加，O 原子浓度迅速上升，在 80 s 时出现一个极大值，随后缓慢下降并保持一个较高值. 在 36～192 s 这段时间内(溅射深度约 10 nm)，O 原子的含量均超过了 50%，而此时的 C 元素浓度比较低，因而可以排除 O 原子来源于有机物的可能性，那么最有可能的来源是无机氧化物中的氧原子. 由图可知，在 36～192 s 的这个深度范围内，稀土元素浓度也很低，那么如此高的 O 原子含量只有可能是来源于铁的氧化物. 因此，我们推测，造成摩擦表面形成高浓度铁的氧化物的原因很可能是因为单质稀土在这里起到了催化氧化作用. 当氩离子溅射时间达到 360 s 时(溅射深度约 24 nm),La 原子浓度达到最低值,但此时的 O 原子浓度仍然高达 30%,因此认为摩擦表面形成了一层厚度超过了 24 nm 的保护膜.

综上所述,纳米稀土添加剂在边界润滑下形成的保护膜中,除了纳米单质稀土外,还有因摩擦化学反应而生成的铁的氧化物和稀土氧化物存在. 这种厚度超过 24 nm 的保护膜可能是纳米稀土添加剂具有优良摩擦学性能的主要原因.

(2) XPS 分析

图 6-18 是纳米稀土添加剂润滑下钢球磨斑的 XPS 分析图.

由图可知,C_{1s}峰的化学结合能在 284.8 eV 附近,可以推断碳原子主要以含碳有机物形式存在,该含碳有机物来源于表面修饰剂和环烷酸衍生物等有机化合物在摩擦表面发生摩擦化学反应后的产物.

O_{1s}峰的化学结合能在 531.5 eV 和 530.3 eV,分别对应于有机化合物中羰基氧原子和铁的氧化物,由此可以判断出试样中存在有铁的氧化物和含氧有机化合物.

$La_{3d5/2}$峰在835.8 eV和834.9 eV,分别对应于单质 La 和 La_2O_3.

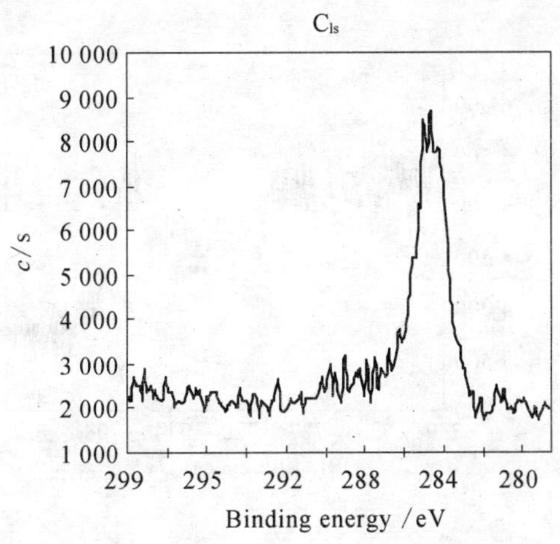

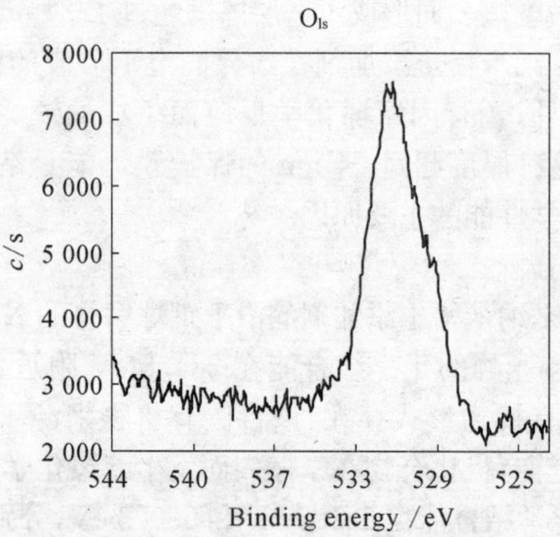
Ols
8 000
7 000
6 000
5 000
4 000
3 000
2 000
c/s
544
540
537
533
529
525
Binding energy /eV

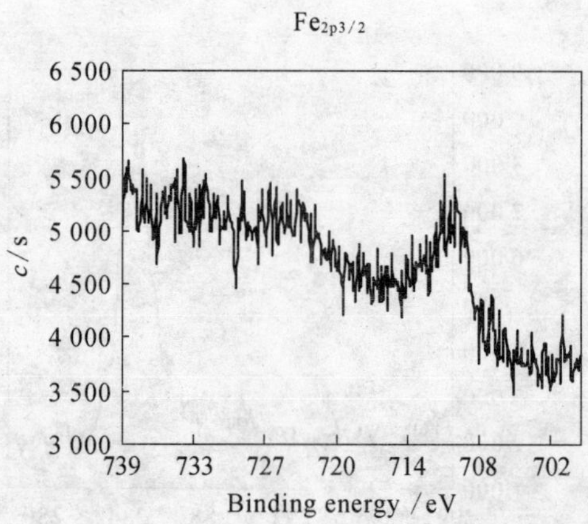
Fe2p3/2
6 500
6 000
5 500
5 000
4 500
4 000
3 500
3 000
c/s
739
733
727
720
714
708
702
Binding energy /eV

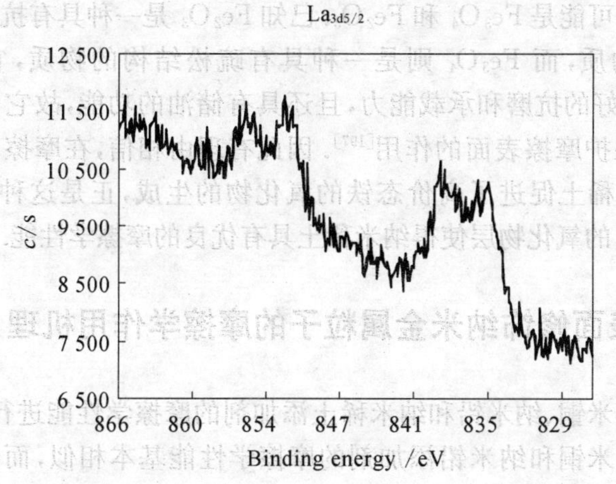

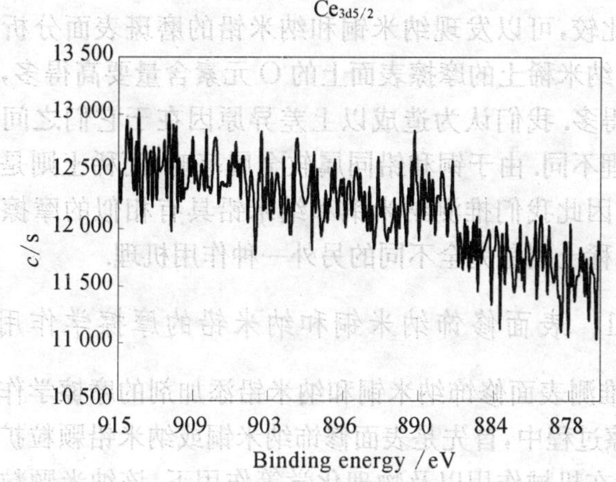

图 6-18　纳米稀土润滑下的磨斑表面元素的 XPS 图谱

铈元素在摩擦表面的含量很低，故其结合能的具体位置较难判定，$Ce_{3d5/2}$ 在 880～885 eV 附近的化学结合能显示它可能也是以单质和氧化物两种形式存在的.

铁元素在 711.0 eV 附近的化学结合能则对应于铁的氧化物，根据文献[196]介绍，此化学结合能对应的是价态较高的铁的氧化物，

其分子式可能是 Fe_3O_4 和 Fe_2O_3. 已知 Fe_2O_3 是一种具有抗磨和承载能力的物质，而 Fe_3O_4 则是一种具有疏松结构的物质，它具有比 Fe_2O_3 更好的抗磨和承载能力，且还具有储油的功能，故它能够更好地起到保护摩擦表面的作用[197]. 因此有理由相信，在摩擦过程中纳米级单质稀土促进了高价态铁的氧化物的生成，正是这种含 Fe_3O_4 和 Fe_2O_3 的氧化物层使得纳米稀土具有优良的摩擦学性能.

6.9 表面修饰纳米金属粒子的摩擦学作用机理

将纳米铜、纳米铅和纳米稀土添加剂的摩擦学性能进行比较，可以发现纳米铜和纳米铅添加剂的摩擦学性能基本相似，而纳米稀土添加剂的摩擦学性能则比前两者的要好得多. 再将它们的表面分析情况进行比较，可以发现纳米铜和纳米铅的磨斑表面分析数据也基本类似，而纳米稀土的摩擦表面上的 O 元素含量要高得多，且其深度分布也大得多. 我们认为造成以上差异原因在于它们之间的摩擦化学反应机理不同. 由于铜和铅同属软金属范畴，而稀土则是硬度比较大的金属，因此我们推测纳米铜和纳米铅具有相似的摩擦学作用机理，而纳米稀土则是完全不同的另外一种作用机理.

6.9.1 表面修饰纳米铜和纳米铅的摩擦学作用机理

我们推测表面修饰纳米铜和纳米铅添加剂的摩擦学作用机理如下：在摩擦过程中，首先是表面修饰纳米铜或纳米铅颗粒扩散到摩擦表面，然后在机械作用以及物理化学等作用下，该纳米颗粒的表面修饰层分解并释放出其中的纳米金属粒子，纳米金属粒子在摩擦表面沉积形成保护性铜或铅的沉积膜，这种由软质金属沉积膜的剪切强度低，易被挤压成薄片状，从而避免了硬质摩擦副的直接接触，因而能够起到保护摩擦表面的作用(其示意图如图 6 - 19 所示).

由于失去表面修饰层后的纳米金属粒子的粒径在 10 nm 以下，而摩擦副表面的粗糙度一般在微米级(即 500～1 000 nm 左右)，因此

⊙表面修饰纳米粒子 · 纳米金属粒子

图 6-19　表面修饰纳米铜或纳米铅粒子在摩擦过程中的作用机理示意图

摩擦表面的凹陷处需要有大量的纳米粒子沉积才能起到填平的作用,故在摩擦学试验中,润滑油中纳米添加剂含量均比较高才能起到良好的抗磨作用(文中纳米铜和纳米铅添加剂的最佳添加量分别为5.0%和4.0%).当然,在更加苛刻的条件下,摩擦表面产生的瞬时高温也可能会使纳米铜或纳米铅与摩擦表面发生局部冶金反应,生成新的合金化合物(Cu_xFe_y 或 Pb_xFe_y),从而改变了摩擦表面的物质结构,提高摩擦表面的抗磨和承载能力.

6.9.2　表面修饰纳米稀土的摩擦学作用机理

如何解释纳米稀土添加剂具有特别优异的摩擦学性能?我们推测其具有与纳米铜和纳米铅完全不同的摩擦化学作用机理.在6.8.5的表面分析中,我们知道,在纳米稀土润滑条件下,摩擦表面生成了大量铁的氧化物(主要为 Fe_3O_4 和 Fe_2O_3),据此推测表面修饰纳米稀土在摩擦过程中促进了铁的氧化过程.事实上,稀土化合物本身就是一种性能优良的氧化催化剂,在汽车尾气催化剂中使用较多[198~202].

推测其摩擦化学反应机理如下:首先是表面修饰纳米稀土颗粒扩散到摩擦表面,然后在机械作用以及物理化学等作用下,其表面修饰层分解并释放出其中的纳米稀土粒子,这种尺寸在10 nm以下的纳米稀土粒子的比表面积远大于微米级粒子,故表面能量非常高,具有很强的催化氧化能力,从而促进了高价态铁氧化物的生成.再加上稀土元素本身特有的渗透能力,因而在摩擦表面生成了一层厚度约10 nm的具有一定储油功能的氧化物保护层,从而改变了摩擦副的表面性能,实现了在润滑的同时对材料表面进行改性,使得摩擦表面的抗磨能力增强.这个过程也被称为“稀土的原位摩擦化学处理”过程[203, 204]. 此外，纳米粒子还可以在摩擦表面凹陷处沉积，从而能够增大接触面积，减少单位面积上所承受的载荷，起到保护摩擦表面的作用. 由于失去表面修饰层后的纳米稀土粒子的粒径与摩擦副表面的粗糙度相比小两个数量级，因此要使纳米稀土粒子起到填平效应的作用，润滑油中纳米添加剂含量足够高才能达到最佳的抗磨效果（文章中纳米稀土添加剂的最佳添加量为 3.0%）. 当然，在更加苛刻的条件下，当摩擦表面的局部瞬时温度很高时，纳米稀土还有可能与铁的氧化物生成新的合金物质（$Fe_xRE_yO_z$），同样可以改变摩擦副的表面性能，提高摩擦表面的抗磨和承载能力.

综合以上分析可知，纳米铜和纳米铅添加剂在摩擦表面形成了主要是因为物理作用产生的纳米金属沉积膜，这种膜比较薄（大约在 10～13 nm），因而其极压抗磨能力并不十分突出. 纳米稀土添加剂所形成的保护膜则既有纯物理作用而产生纳米金属沉积膜，又有因摩擦化学反应而生成的高价态铁的氧化物和稀土氧化物所组成的化学反应膜存在，这种由纳米金属和金属氧化物组成的混合膜比较厚（>24 nm），故其极压抗磨能力更强. 这就解释了为什么纳米稀土添加剂具有比纳米铜和纳米铅添加剂更好的摩擦学性能的主要原因.

6.10 小结

(1) 所制备的表面修饰纳米金属粒子的团粒径均在 40 nm 以下，其中金属核的粒径在 10 nm 以下，它们在基础油中呈透明状液体，有极好的油溶性，在苯、甲苯等有机溶剂中有良好的分散性和分散稳定性.

(2) 表面修饰纳米铜添加剂有一定的抗磨和承载能力，其抗磨能力与有机羧酸铜的基本相当，但承载能力略强. 磨斑的表面分析显示，纳米铜添加剂在边界润滑下形成了一层厚度约为 13 nm 含单质铜的沉积膜是其具有良好摩擦学性能的主要原因.

(3) 表面修饰纳米铅添加剂有一定的抗磨和承载能力，其抗磨能力与有机羧酸铅的基本相当，但承载能力更强．磨斑的表面分析显示，纳米铅添加剂在边界润滑下形成了一层厚度约为 10 nm 含单质铅的沉积膜是其具有良好摩擦学性能的主要原因．

（4）表面修饰纳米稀土具有优异的摩擦学性能．当添加量为 3.0％时，其 P_B 值是基础油的 3.30 倍，磨斑直径为基础油的 45.3％，摩擦系数是基础油的 87.5％．且它具有比 ZDDP 和环烷酸稀土更加优良的抗磨能力．在 196、294、392 和 490 N 载荷条件下，纳米稀土的抗磨性能分别为 ZDDP 的 1.24、1.52、1.37 和 1.15 倍．表面分析显示，纳米稀土在边界润滑条件下促进了摩擦表面的氧化反应，其润滑保护膜中除了纳米单质稀土沉积膜外，还存在大量因摩擦化学反应而生成的高价态铁的氧化物（主要为 Fe_3O_4 和 Fe_2O_3）和稀土氧化物所组成的化学反应膜，这种厚度超过 24 nm 的复杂边界保护膜的出现是其具有优良摩擦学性能的主要原因．

第七章　纳米稀土添加剂的应用初探

7.1　引言

在第六章中详细讨论了纳米稀土添加剂在基础油中的摩擦学行为，并对其的摩擦作用机理进行了探讨．由于它具有优异的摩擦学性能，故本章将在此基础上讨论其实际应用效果，以纳米稀土为主要抗磨剂试制出不含硫、磷元素的环保型发动机油，初步探讨其可能的应用范围．

7.2　新型发动机油的研制

7.2.1　基础油的选择

采用 VG32 机械油和 250BS 按 67：33 的比例调配而成 VG100 基础油．

7.2.2　纳米稀土在基础油中的摩擦学性能

纳米稀土添加剂在 VG100 基础油中的摩擦学性能如表 7－1 所示．

表 7－1　纳米稀土在 VG100 基础油中的摩擦学性能

质量分数%	WSD ($D^{294\ \mathrm{N}}_{30\ \mathrm{min}}$)/mm	P_B/N	$\mu\times10^{-2}$
0.0	0.51	441	10.4
1.0	0.31	549	9.73
2.0	0.30	647	8.97
3.0	0.30	647	9.05

由表可知,纳米稀土在该基础油中具有良好的摩擦学性能,其中以添加剂的质量分数为2.0%时的效果最佳,此时的磨斑直径与基础油相比下降了41.2%,P_B值则提高了46.7%,而摩擦系数则降低了13.8%.

7.2.3 其他添加剂的选择

(1) 清净分散剂

常用的清净分散剂分为灰分型(一般为有机金属盐型,T-106即为此类添加剂)和无灰型(不含金属盐,主要为高分子物质,T-154为当前使用非常广泛的此类型添加剂)两种,将两者进行比较可知,无灰型清净分散剂在控制低温油泥、减少气门或燃烧室的结焦和积垢,进而减少摩擦磨损以及节省燃料、提高粘度指数和降低凝点等方面有较明显的优势.因此在本试验中,在兼顾摩擦学性能的同时,希望尽可能提高T-154的含量.

(2) 抗氧剂

随着汽车向高速、重载等方面的发展,发动机的工况条件越来越苛刻,因此要求内燃机油具有良好的高温抗氧化性能.常用的高温抗氧剂包括:ZDDP、烷基酚、芳胺、有机金属盐等.由于近代高级发动机油对硫、磷元素含量的控制非常严格,如SF级发动机油中要求它们的含量均小于0.05%.本试验中采用具有良好高温抗氧化性能的新型芳胺抗氧剂-烷基二苯胺作为抗氧剂.

(3) 消泡剂

由于油在使用过程中经剧烈振动,使空气进入油中形成泡沫,这将影响到供油系统及油泵的正常工作,易造成缺油等故障,因此,要求内燃机油具有良好的消泡性能.常用的消泡剂有硅型(主要为甲基硅油)和非硅型(主要为聚醚类高分子物质)两类.本试验中选用甲基硅油作为消泡剂.

7.3 试制发动机油的摩擦学性能

根据以上试验研究结果,试制了新型环保型发动机油,其配方如下：

VG100 基础油；

抗磨剂：表面修饰纳米稀土，2.0%；

清净分散剂：T－106，2.0%；

清净分散剂：T－154，4.0%；

抗氧剂：烷基对苯二胺，1.0%；

消泡剂：甲基硅油，10×10^{-6}.

试制的发动机油与成品发动机油的摩擦学性能对比如表 7－2 所示.

表 7－2　试制油品与成品油的摩擦学性能

质量分数 %	WSD ($D_{30\ \text{min}}^{294\ \text{N}}$)/mm	P_B/N	$\mu\times10^{-2}$
SF(2288)	0.34	921	9.60
SG/CF (Galtex)	0.36	980	9.31
试制发动机油	0.32	647	9.05

由表可知，试制发动机油的抗磨和减磨性能明显优于市售成品油，但其承载能力低于两种成品发动机油.

7.4　试制发动机油的氧化安定性

发动机油的氧化安定性通过氧化诱导期(DSC)进行评定.

采用仪器型号为：Perkin-Elmer，T Series，Thermal Analysis System；

试验条件为：200℃，恒温.

试制的发动机油与成品发动机油 SF(2288)的氧化诱导期测试数据对比如表 7－3 所示. 为进一步考察 ZDDP 对该试制发动机油可能存在的影响，在其他添加剂含量不变的条件下，再加入 0.2% 的 T-202，同样进行氧化安定性测试.

表 7-3　试制油品与成品油 SF(2288)的氧化诱导期试验结果

测试项目	SF(2288)	试制发动机油	试制发动机油（加 0.2%T-202）	试验方法
氧化诱导期(200℃),min	20～25	28.5	33.5	Q/SH003.01.349

由表可知，试制发动机油的氧化诱导期比成品油的氧化诱导期更长，表明试制的发动机油的氧化安定性比 SF 级发动机油的氧化安定性更好. 当试制发动机油中加入 0.2%的 T-202 后，氧化诱导期进一步延长，表明其高温抗氧化能力更强.

综上所述，本实验室研制的油品具有的优势表现在以下几方面：一是抗磨性能好；二是减磨性能也比较好；三是该油品不含硫、磷等有害元素，具有绿色润滑剂的特征. 这三者正是现代高档发动机油的发展方向. 因为随着发动机性能的不断改善，其工况条件也越来越苛刻，要求所使用的润滑油必须具有更好的抗磨性能. 此外，随着全球石油资源越来越紧缺，要求高档内燃机油必须具有节能特性，也就是要求润滑油必须有减磨能力. 还有一点就在于随着环保法规的不断完善，汽车尾气排放亦受到了越来越严格的控制，为了达到尾气排放标准，目前采用的措施就是加装尾气催化转化器，而传统的发动机油中广泛使用的 ZDDP 这一多效添加剂中则含有硫、磷元素，将导致尾气催化转化器中的贵金属（主要是铂、铑、钯等）催化剂中毒，从而大大缩短催化剂的使用寿命，因此要求发动机油中不含硫、磷或者是低浓度的硫、磷.

试制的发动机油兼有以上三方面的特征，因此我们预测纳米稀土将有望作为发动机油添加剂得到应用. 当然，仅凭以上实验室的初步性能判定和对比来预测其应用前景是远远不够的，作为一个真正成熟的发动机油配方，还必须通过苛刻的发动机台架试验以及最终的行车试验才能得到推广应用. 由于时间以及经费等方面的原因，本论文未作进一步的深入研究.

7.5 小结

采用表面修饰纳米稀土添加剂试制了一种新型的不含硫、磷元素的环保发动机油,对其摩擦学性能和高温氧化安定性进行了考察,试验结果表明其抗磨和减磨性能明显优于市售成品油,其高温氧化安定性达到了 SF 级发动机油的要求.

第八章 结论与展望

8.1 结论

鉴于不含硫、磷元素的有机金属盐抗磨剂具有独特的摩擦学性能，开发高效的、环境友好的、油溶性润滑添加剂越来越引起人们的重视. 本论文对一系列油溶性有机羧酸金属盐（如环烷酸的稀土、锡、锌、镍、锰、钴、铅和铜盐及油酸亚锡、烷基水杨酸稀土等）的摩擦学特性进行了考察. 研究表明它们大多具有良好的摩擦学性能，且稀土和锡盐之间具有摩擦学协同效应. 通过能谱分析探讨了摩擦表面上的金属氧化物和还原金属对摩擦化学的贡献机理. 结果表明这些盐类在摩擦过程中的分解产物绝大部分为金属氧化物. 为了进一步提高添加剂性能，并考察单质金属在摩擦过程中的真实贡献，文章以微乳化化学还原法成功地制备出表面修饰纳米金属粒子（包括纳米稀土、纳米铜和纳米铅），并考察了它们的摩擦学性能与作用机理. 此外，还对纳米稀土作为新型环保发动机油添加剂的应用前景进行了初步探讨. 具体工作体现在以下几个方面：

（1）以微乳化化学还原法成功制备出表面修饰纳米金属粒子，对其摩擦学性能和摩擦化学反应机理进行研究

1）所制备的表面修饰纳米金属粒子的团粒径均在 40 nm 以下，其中金属核的粒径在 10 nm 以下，它们在基础油中呈透明状液体，有极好的油溶性，在苯、甲苯等有机溶剂中有良好的分散性和分散稳定性.

2）纳米稀土添加剂具有优异的摩擦学性能. 其最佳添加量为 3.0%，此时最大无卡咬负荷（P_B = 647 N）是基础油的 3.30 倍，磨斑

直径($D_{30\,\mathrm{min}}^{294\,\mathrm{N}}=0.29$ mm)为基础油的45.3%,摩擦系数是基础油的87.5%.且它具有比ZDDP和环烷酸稀土更加优良的抗磨能力.在196、294 N、392和490 N载荷条件下,纳米稀土的抗磨性能分别为ZDDP的1.24、1.52、1.37和1.15倍.能谱分析显示纳米稀土在边界润滑条件下促进了摩擦表面的氧化反应,其润滑保护膜中除了纳米单质稀土沉积膜外,还存在有因摩擦化学反应而生成的高价态铁的氧化物(主要为Fe_3O_4和Fe_2O_3)和稀土氧化物所组成的化学反应膜,这种厚度超过24 nm的复杂保护膜是其具有优良摩擦学性能的主要原因.

3) 采用纳米稀土添加剂试制了一种新型的不含硫、磷元素的环保发动机油,对其摩擦学性能和高温氧化安定性进行了考察,试验结果表明其抗磨和减磨性能明显优于市售成品油,且其高温氧化安定性达到了SF级发动机油的要求.

4) 表面修饰纳米铜和纳米铅添加剂也具有一定的抗磨和承载能力.它们抗磨能力与相应有机羧酸金属盐的基本相当,但承载能力更高.能谱分析显示,纳米铜和纳米铅添加剂在边界润滑下形成一层厚度为10~13 nm含单质金属的沉积膜是其具有良好摩擦学性能的主要原因.

(2) 设计并合成出油溶性烷基水杨酸稀土,对其摩擦学性能和摩擦化学反应机理进行了研究

1) 烷基水杨酸稀土具有很好的摩擦学性能.当添加剂的质量分数为4.0%时,其磨斑直径($D_{30\,\mathrm{min}}^{294\,\mathrm{N}}=0.31$ mm)为基础油的48.4%,承载能力($P_B=598$ N)为基础油的3.05倍,摩擦系数是基础油的78.0%.与ZDDP相比,在所选择的试验载荷范围内,烷基水杨酸稀土的抗磨性能比ZDDP的要好得多.在196、294、392和490 N载荷条件下,其磨斑直径分别是ZDDP的87.1%、70.5%、61.5%和46.7%.

2) 能谱分析显示,在边界润滑条件下,有机羧酸稀土在摩擦表面上形成了主要由有机羧酸皂类、铁的氧化物、稀土氧化物和稀土组成的边界膜,这种富稀土边界润滑膜是其具有很好的摩擦学性能的主要原因.

(3) 设计并合成出油溶性油酸亚锡和环烷酸亚锡，考察了它们的摩擦学性能并对其摩擦化学反应机理进行研究

1) 在中低载荷下，油酸亚锡具有良好的抗磨、极压和减磨性能. 其最佳添加量为 2.0%，此时其磨斑直径($D_{30\ \mathrm{min}}^{294\ \mathrm{N}}=0.45$ mm)为基础油的 70.3%，承载能力($P_B=470$ N)是基础油的 2.40 倍，摩擦系数是基础油的 75.6%. T-321、TCP、RCl 及 ZDDP 均能改善油酸亚锡的抗磨和承载能力.

2) 在中低载荷下，环烷酸亚锡也具有良好的承载和抗磨性能，并具有一定的减磨能力. 当添加剂的质量分数为 0.5%时，磨斑直径($D_{30\ \mathrm{min}}^{294\ \mathrm{N}}=0.42$ mm)为基础油的 65.6%，承载能力($P_B=470$ N)是基础油的 2.40 倍，摩擦系数是基础油的 87.9%. 复配试验表明，ZDDP、T-321 能够改善环烷酸亚锡的承载能力，而 TCP 能够改善环烷酸亚锡的抗磨性能. RCl 既能够改善环烷酸亚锡的抗磨性能又能够改善其承载能力.

3) 能谱分析表明，在摩擦过程中，有机羧酸亚锡在摩擦表面形成了含锡边界润滑膜，其中锡元素以锡的氧化物的形态存在，而铁则以铁的氧化物和有机金属盐化合物形式存在，它们的综合作用使得有机锡化合物具有良好的摩擦学性能.

(4) 考察了有机锡化合物与有机稀土化合物之间的摩擦学协同效应，并对其作用机理进行研究

1) 环烷酸亚锡和环烷酸稀土在抗磨和减磨性能方面均存在明显的协同效应. 在 196～549 N 的载荷范围内，二者的复配物的抗磨和减磨性能均比单独使用环烷酸稀土或环烷酸亚锡的好，且它具有比 ZDDP 更好的抗磨性能，特别是在载荷较高的情况下，这种优势更为明显.

2) 能谱分析显示，在边界润滑条件下，有机稀土和有机锡化合物的复配物在摩擦表面上形成了由有机羧酸皂类、铁的氧化物、稀土、稀土氧化物和锡的氧化物组成的化学反应膜. 稀土和锡之间存在的合金效应可能是有机稀土与有机锡化合物具有协同效应的主要原因.

3) 所制备的含稀土和锡的复合添加剂 RES_2 有良好的油溶性和很好的摩擦学性能. 当 RES_2 的质量分数为 3.0%时,其磨斑直径($D_{30\ min}^{294\ N}=0.31$ mm)比基础油的下降了 51.6%,摩擦系数为基础油的 74.1%,而承载能力($P_B=745$ N)则是基础油的 3.80 倍. 与 ZDDP 相比,添加了 RES_2 的润滑油具有更好的抗磨性能. 在 549 N 载荷条件下,2.0% RES_2 的磨斑直径仅为 2.0%ZDDP 的 52.2%.

(5) 对市售油溶性环烷酸金属盐的摩擦学特性进行考察

对环烷酸稀土、环烷酸锌、环烷酸镍、环烷酸锰、环烷酸钴、环烷酸铅和环烷酸铜的摩擦学性能进行了较为系统的考察,拓展了该类型精细化工产品的应用范围.

8.2 本研究工作的主要创新点

(1) 成功地制备出团粒径小于 40 nm 的表面修饰纳米金属粒子(包括纳米稀土、纳米铜和纳米铅),其中金属核的粒径均在 10 nm 以下. 它们在基础油中呈透明状液体,有极好的油溶性,在苯、甲苯等有机溶剂中有良好的分散性和分散稳定性.

(2) 对表面修饰纳米稀土、纳米铜和纳米铅的摩擦学性能和作用机理进行考察. 结果表明纳米稀土具有优异的摩擦学性能,能谱分析显示纳米稀土在边界润滑条件下促进了摩擦表面的氧化反应,其润滑保护膜中除了纳米单质稀土沉积膜外,还存在有因摩擦化学反应而生成的高价态铁的氧化物(主要为 Fe_3O_4 和 Fe_2O_3)和稀土氧化物所组成的化学反应膜,这种厚度甚至超过 24 nm 的复杂保护膜的出现是其具有优异摩擦学性能的主要原因.

(3) 初步探讨了以纳米稀土添加剂作为抗磨添加剂试制出不含硫、磷元素的绿色环保型高级发动机油的可行性.

(4) 设计并合成了油溶性烷基水杨酸稀土、环烷酸亚锡和油酸亚锡,系统地考察了它们的摩擦学性能并对它们的摩擦化学反应机理进行研究.

(5) 考察了有机锡与有机稀土化合物的摩擦学协同效应,并对它们的摩擦化学反应机理进行研究.

(6) 考察了一系列油溶性有机羧酸金属盐的摩擦学特性,拓宽了该类型精细化工产品的使用范围.

8.3 展望

(1) 本文从添加剂的分子设计方面着手,合成了一系列新型的有机金属盐化合物,对它们的油溶性进行考察,从而探讨解决有机金属盐化合物油溶性较差的方案. 研究表明,环烷酸、油酸和烷基水杨酸均是比较好的改良有机锡和有机稀土化合物的油溶性的有效手段. 据此认为,以上三种长链的有机羧酸对于其他类型的有机金属盐化合物的油溶性的改良很可能也是有效的,有关工作尚待深入研究.

(2) 环烷酸、油酸和烷基水杨酸的某些同系物很可能也是改良有机金属盐化合物油溶性的有效手段,如果能够通过有机合成解决该类型原料的来源问题,则有可能合成出更多的油溶性有机金属盐类化合物.

(3) 用纳米稀土添加剂试制的发动机油的实用性能尚需进一步考证,手段包括台架试验和现场应用试验等.

攻读博士学位期间发表的论文、参与的科研项目及奖励情况

一、发表论文情况

1. 刘仁德,陶德华,付尚发,等. 环烷酸稀土化合物作为润滑油添加剂的摩擦磨损性能 [J]. 润滑与密封,2003, 4: 25 - 27.（EI 检索号: 03347606428）
2. 刘仁德,陶德华,付尚发,等. 环烷酸亚锡的合成及其摩擦学性能研究[J]. 摩擦学学报,2004, 24(1): 42 - 45.（EI 检索号: 04248214232）
3. Liu Rende, Tao Dehua, Zhao Yuan, *et al*. Preparation and tribological performance of novel organotin compound as lubricant additive [J]. Journal of Shanghai University (English Edition), 2004, 1: 96 - 100.（EI 检索号: 04288261870）
4. Liu Rende, Tao Dehua. Using oil analysis to study the wear condition of bearing in trunnion of convertor during/after run-in periord [C]// 5th International Conference 2004 of Quality, Reliability and Maintenance, Oxford University, UK. 2004: 101 - 104.（EI 检索号: 0428407519）
5. 刘仁德,陶德华,张建华,等. 环烷酸稀土化合物的摩擦学性能研究 [J]. 摩擦学学报,2003, 23(5): 394 - 397.
6. 刘仁德,陶德华,赵源,等. 油酸亚锡的合成及其摩擦磨损性能 [J]. 材料保护,2004, 37(3): 19 - 21.
7. 刘仁德,陶德华,张建华,等. 有机混合稀土化合物与有机锡化合

物作为润滑添加剂的协同效应 [J]. 中国稀土学报,2004, 22(2): 225 - 228.

8. 刘仁德,陶德华. 一种新型的含稀土和锡的复合润滑添加剂的摩擦学特性研究 [J]. 机械科学与技术,2004, 23(6): 732 - 734.
9. Liu Rende, Tao Dehua, Fu Shangfa, *et al*. Study on tribological behavior of organotin compound [J]. Lubrication Science,已录用待发表.
10. Liu Rende, Tao Dehua, Zhang Jianhua, *et al*. Study on the tribological performance of rare-earth naphthenate as lubrication additive [J]. Lubrication Science,已录用待发表.
11. 刘仁德,胡申辉,曹新村,等. 铁谱技术在脂润滑滚动轴承的状态监测中的应用 [C]// 中国机械工程学会摩擦学分会润滑技术专业委员会第八届学术年会论文集. 2002: 142 - 145.
12. 刘仁德,胡申辉,曹新村,等. 润滑脂铁谱分析的研究与应用[J]. 润滑与密封,2002, 5: 65 - 66.
13. 刘仁德,陶德华,胡申辉,等. 油液分析技术在振动筛故障诊断中的应用 [J]. 润滑与密封,2003, 2: 66 - 68.
14. 刘仁德,陶德华,付尚发. 有机稀土化合物与有机锡化合物的协同效应 [C]// 2003' 中国润滑油国际研讨会论文集,2003: 253 - 256.
15. 刘仁德,陶德华. 利用光谱和铁谱分析技术对机械设备进行状态监测 [C]// 中国机械工程学会摩擦学分会润滑技术专业委员会第九届学术年会论文集,2004: 44 - 47.
16. 陶德华,刘仁德. 利用光谱和铁谱分析技术对脂润滑滚动轴承进行状态监测 [M]. 机电设备监测与诊断现代技术,北京: 中国宇航出版社,2003: 315 - 317.
17. 夏放,刘仁德,王正友,等. 利用综合诊断技术对高速电机轴承进行状态监测 [J]. 润滑与密封,2004, 161(1): 53 - 55.
18. 付尚发,陶德华,刘仁德. 有机钼化合物与含硫添加剂复配的摩擦学特性研究[C]// 2003' 中国润滑油国际研讨会论文集，2003：236-239.

19. 付尚发，陶德华，张建华，等.聚异丁烯丁二酰钼添加剂的摩擦学特性研究[J].摩擦学学报，2003，23(6)：514-518.

二、参加科研项目情况

1. 锂基脂的光谱和铁谱分析方法研究（宝钢合作课题，项目负责人）；
2. 环保型轿车用油及其纳米添加剂（上海市科委纳米专题，主要技术人员）；
3. 水箱抗微生物防二次污染水泥涂料（上海市科委纳米专题，主要技术人员）；
4. 铁道轮缘用纳米润滑剂的研制（横向合作课题，主要技术人员）.

三、奖励情况

1. 上海大学2003年度蔡冠深奖学金；
2. 上海大学2004年度研究生SMEG奖学金；
3. 上海宝钢工业检测公司2003年度科技先进工作者.

参 考 文 献

1. 温诗铸.摩擦学原理[M].北京：清华大学出版社，1990.
2. 薛群基，刘维民.摩擦化学的主要研究领域及其发展趋势[J].化学进展，1997，**9**(3)：311-317.
3. 吴晓玲.我国工业齿轮润滑的问题及对策[M].设备润滑液压技术论文集，1997：17-21.
4. 美国润滑工程[J]. *Lubrication Engineering* 42，1992.
5. 薛群基，党鸿辛.摩擦学研究的发展概况与趋势[J].摩擦学学报，1993，**13**(1)：73.
6. Jost H. P. *Journal of Japanese Society of Tribologists*，1992，**37**(2).
7. 付尚发.铜-镀铬摩擦副磨损自补偿添加剂及其摩擦学效应[C]// 机械电子工业部武汉材料保护研究所硕士学位论文，2001.
8. 陈立功.新型硫代氨基甲酸盐的摩擦化学研究[D].后勤工程学院博士学位论文，1996.
9. Horodysky A. G.，Ashjian H. Borated friction reducing additives and compositions [P]. USP 45222734，1985.
10. Braid M. Borate esters and lubricant compositions containing such esters [P]. UDP 4547302，1977.
11. Mendelson L. T. Lubricating compositions [P]. USP，4892670，1990.
12. Papay A. G.，Brien J. P. Lubricating oil composition containing boronated N-hydroxymethyl succinimide friction reducers [P]. USP 4295983，1981.

13. Baldwin B. A. Relative antiwear efficiency of boron and sulfur surface species [J]. *Wear*, 1977, **45**: 345.
14. Steinberg H. Organoboron chemistry[J]. *Interscience*, 1964, **1**: 376.
15. Dong J., Chen G. A new concept-formation of permeating layers nonactive antiwear additives [J]. *Lubr. Eng.* 1994, **50**: 17.
16. Zheng Z., Shen G. Q., Wan Y., *et al*. Synthesis, hydrolytic stability and tribological properties of novel borate esters containing as lubricant additives [J]. *Wear*, 1998, **222**: 135 - 144.
17. 黄文轩. 环境兼容润滑剂综述 [J]. 润滑油, 1997, **12**(4): 1 - 8.
18. Nagai H. Evaluation of the newly developed test methods for lubricant biodegradability [J]. *SekiyuGakkaishi*, 1999, **42**(1): 45 - 51.
19. 曹月平, 余来贵. 环境友好润滑剂及添加剂 [J]. 润滑油, 1999, **10**(14): 17 - 21.
20. John S. The aspects of designing lubricants using an environmental product assessment [J]. *NLGI Spokesman*, 1997, **61**(11): 11 - 27.
21. Rebeccal G., Rogere M., Peter A. W., *et al*. Biodegradable lubricants [J]. *Lubrication Engineering*. 1998, **54**(7): 10 - 16.
22. Svajus A., Joseph M. P., Duda J. I. Oxidation stability and antiwear properties for high oleic vegetable oils [J]. *Lubrication Engineering*, 1996, **52**(12): 877 - 882.
23. Andand N., Mehta J., Prasada T. S. Lubricant components from vegetale oils of Indian origin [J]. *J. Syn. Lubr.*, 1998, **15**(2): 97 - 106.
24. Asadaudkas S. J., Perezand J. M., Duda J. L. Suitability fo

basestocks for biodegradable lubricants [J]. *Prepr. Am. Chem, Soc. Div. Pet. Chem.*, 1997, **42**(1): 246-249.

25. Fessenbecker A., Rohrs I., Pegnoglou R. Additives for environmentally acceptable lubricant [J]. *NLGI Spokesman*, 1996, **60**(6): 9-25.
26. Stempfel E. M., Shell A. G. Practical experience with highly biodegradable lubricants, especially hydraulic oils and lubricating greases [J]. *NLGI Spokesman*, 1998, **62**(1): 8-23.
27. 王大璞,乌学东,张信刚,等. 绿色润滑油的发展概况 [J]. 摩擦学学报,1999, **19**(2): 181-186.
28. Adhvatyu A., Pandey D. C., Singh I. D. Effect fo composition on the degradation behavior of base oil [J]. *Prepr. Am. Chem. Soc. Div. Pet. Chem.*, 1997, **42**(1): 225-226.
29. 方建华,陈波水,黄伟九,等. 磷氮化改性菜籽油润滑添加剂的制备及其摩擦学性能 [J]. 摩擦学学报,2001, **21**(5): 348-353.
30. 董浚修. 润滑原理及润滑油 [M]. 北京:中国石化出版社,1998: 162-165.
31. Herdan J. M. Lubrication oil additive and the environment-an overview [J]. *Lubrication Science*, 1997, **9**(2): 161-172.
32. Otto Rohr. Bismuth a new metallic but non-toxic replacement for lead as EP-additive in grease [J]. *NLGI Spokesman*, 1993, **57**(2): 50-57.
33. Aktary M., McDermott M. T., McAlpine G. A. Morphology and nanomechanical properties of ZDDP antiwear films as function of tribological contact time [J]. *Tribology Letters*, 2002, **12**(3): 155-162.
34. Papay A. G. *Lubrication Science*, 1998, **10**: 209.
35. Harrison G. H., Brown P. *Wear*, 1991, **148**: 123.

36. Willermet P. A., Carter R. O., Boulos E. N [J]. *Tribology International*, 1992, **25**: 371.
37. Aktary M., McDermott M. T., Torkelson J. *Wear*, 2001, **247**: 172.
38. Spedding H., Watkins R. C. *Tribology International*, 1982, **15**: 9.
39. Cavdar B., Ludema K. C. *Wear*, 1991, **148**: 305.
40. Choa S. H., Ludema K. C., Potter G. E., *et al*. *Wear*, 1994, **177**: 33.
41. Jahanmir S. *Journal of Tribology*, 1987, **109**: 577.
42. Bird R. J., Galvin G. D. *Wear*, 1996, **37**: 143.
43. Warren O. L., Graham J. F., Norton P. R, *et al*. *Tribology Letter*, 1998, **4**: 189.
44. Graham J. F., McCague C., Norton P. R. *Tribology Letter*, 1999, **6**: 149.
45. 余会成,范健. 烷基硫代磷酸钼及烷基硫代氨基甲酸钼的研究进展 [J]. 中国钼业,1997, **21**(4): 38-41.
46. 余会成,范健. 钼的有机酸及其他含硫化合物的研究进展 [J]. 中国钼业, 1997, **21**(1): 39-41.
47. 韦利行,严正泽,刘馥英. N, N-二烷基二硫代氨基甲酸钼减磨剂的抗磨性 [J]. 华东化工学院学报,1990, **16**(6): 694-699.
48. 王汝霖. 润滑剂摩擦化学 [M]. 北京: 中国石化出版社,1994: 278-286.
49. 朱金华,文庆珍,张宝真,等. 含 S、Mo 有机化合物的减磨抗磨性能的研究 [J]. 润滑与密封,1999,**6**: 14-15.
50. 文庆珍,朱金华,姚树人,等. 钼的化合价对有机钼化合物的极压抗磨性能的影响 [J]. 海军工程大学学报,2001,**13**(6): 37-40.
51. Raymond A., Thomas R. C. Friction reducing molybdenum salts and process for making same [P]. US: 4559152, 1985:

12－17.

52. Grossiord C., Martin J. M., Mongne T. L. In situ MoS2 formation and selective transfer from MoDPT films [J]. *Surface and Coatings Technology*, 1998, **108－109**: 352－359.
53. Chahavorty D., Giri A. K. Chemistry for the 21st century [M]. London: Oxford Blacwell Scientific Publication, 1993.
54. Gleiter H. Nanocrystalline materials [J]. *Prog. Mater. Sci.*, 1991, **33**: 223－227.
55. 张泽抚,刘维民,薛群基. 含氮有机物修饰的纳米三氟化镧的摩擦学性能研究 [J]. 摩擦学学报,2000, **20**(3): 217－219.
56. 连亚峰. 含稀土润滑材料的摩擦学特性研究 [D]. 中科院兰州化物所博士论文, 1993.
57. Chen G. X., Dong J. X., He J. Z., *et al*. Preparation and tribological properties of nanoparticle lanthanum borate [J]. *Wear*, 2000, **243**: 43－47.
58. Qiu S. Q., Dong J. X., Chen G. X. A review of ultrafine particles as antiwear additives and friction modifiers in lubricating oils [J]. *Lubrication Science*, 1999, **11** (3): 217－226.
59. 高永建,陈国需,王志民,等. 异辛酸稀土化合物的摩擦学性能研究 [J]. 摩擦学学报,2002, **22**(4)(S): 60－61.
60. 袁晓东,倪春雨. 混合稀土羧酸盐作为汽油抗爆剂的研究 [J]. 石油与天然气化工,2001, **30**(3): 132－134.
61. 张泽抚. 稀土化合物作为润滑油脂添加剂的摩擦学性能研究 [D]. 中科院兰州化物所博士论文,1998.
62. Lian Y. F., Yu L. G., Xue Q. J. The antiwear and extreme pressure properties of some oil-water double solube rare earth complexes, part 2: their tribological behaviors in liquid paraffin [J]. *Wear*, 1996, **196**: 193－196.

63. 任天辉，等. 二乙基二硫代氨基甲酸镧配合物用作润滑脂添加剂的摩擦学研究 [J]. 摩擦学学报，1998，**18**(4)：286.

64. Zhang J. H., Feng C. Q., Zhao Y. Temperature characteristics of the boundary lubricating film of an organocopper compound [J]. *Lubrication Science*, 2002, **15**(1): 83-89.

65. Enthoven T. I., Loznetsova N. N., *et al*. Study of lubricating behavior ofoils with copper-containing additives [J]. *Trenie I lznoz*, 1992, **13**(2): 324-327.

66. 姜秉新，陈波水，董浚修. 铜型添加剂摩擦修复作用的可行性研究 [J]. 机械科学与技术，1999，**18**(3)：475-477.

67. 姚俊兵. 硼酸酯与油酸铜化合物的协同抗磨及作用机理研究 [J]. 润滑与密封，1993，**5**：11-13.

68. Yao J. B., Dong J. X., Xiong R. G. Antiwear synergism of borates and copper oleate [J]. *Lubrication Engineering*, 1994, **50**(9): 695-698.

69. Yao J. B., Dong J. X. A tribocatalysis reaction in boundary lubrication-an antiwear synergism between borates and copper oleate [J]. *Lubrication Engineering*, 1995, **51**(3): 231-233.

70. Ratoia M., Bovington C., Spikes H. In situ study of metal oleate friction modifier additives [J]. *Tribology Letters*, 2003, **14**(1): 33-40.

71. Wang D. P., Li H. D., Li B. A., *et al*. Frictional behavior of titanium dithiophosphate [J]. *Lubrication Engineering*, 1992, **48**(6): 497-498.

72. Kumar A., Sayanna E., Verma A. S., *et al*. A new gerneration high performance titanium complex grease [J]. *NLGI Spokesman*, 1994, **58**(1), 25-29.

73. 黄文轩，韩长宁. 润滑油与燃料添加剂手册 [M]. 北京：中国石化出版社，1994：47.

74. 张景河，等. 现代润滑油与燃料添加剂[M]. 北京：中国石化出版社，1991：172.
75. 中国石化销售公司上海石油商品应用研究所. 国产润滑油添加剂产品介绍. 1991：89.
76. 李丽，瞿龙，舒万艮. 新型有机锑化合物的合成及其极压抗磨性能研究. 矿冶工程，1998，**18**(3)，50－53.
77. 张启先译. 用于抗磨添加剂的有机锡化合物 [J]. 石油炼制，1982，**4**：64.
78. 王定学，董浚修. 有机锡化合物极压抗磨性能研究 [J]. 润滑油，1993，**2**：19－22.
79. 张建华，林峰，赵源. 含锡化合物的摩擦学性能研究 [J]. 润滑与密封，1998，**4**：18－20.
80. 李宏，涂政文，付尚发. 有机复合锡盐的摩擦学性能研究 [J]. 润滑与密封，2001，**1**：40－41.
81. Lian Y. The tribological properties and extreme pressure mechanism of rare earth dialkyldithiophosphate as grease additives [J]. *Wear* 1996，**196**：185－192.
82. Liu Weimin，Gao Canzhu，Zhang Zefu，*et al*. Tribological properties of aluminum-on-steel system under the lubricat ion of grease containing a complex of lanthanum N-salicylidene derivative of malonic dihydrazide [J]. *Wear*，1996，**186**：234－237.
83. Lian Yafeng，Nie Mingde，Dang Hongxin. Proceedings of the second Chinese-soviet seminar on chemistry and application of rare earth [R]. Chang Chun，China，1991：321
84. 任天辉，等. 二乙基二硫代氨基甲酸镧配合物用作润滑脂添加剂的摩擦学研究 [J]. 摩擦学学报，1998，**3**：286.
85. 张泽抚. 稀土化合物作为润滑油脂添加剂的摩擦学性能研究 [D]. 兰州：中国科学院兰州化学物理研究所，1998.

86. 连亚峰,党鸿辛. 稀土摩擦学研究进展 [J]. 摩擦学学报,1993, **13**(2):183 - 190.

87. Jost H. P. Tribology: The first 25 years and beyond-achievements, shortcomings and future tasks [J]. *Ind Lubr Tribo*, 1992, **44**(2): 22 - 27.

88. 陈波水. 稀土配合物的摩擦学研究 [J]. 材料导报,1997, **11**(4): 38 - 40.

89. 陈波水,董浚修,叶毅,等. 硫代磷酸钆与硼酸酯复合摩擦学性能研究 [J]. 机械工程材料,1996, **20**(6): 11 - 13.

90. 陈波水,陈国需,叶毅,等. 镧-烷基磷酸单烷基酯的制备及其抗磨特性的研究 [J]. 石油化工,1996, **25**(12): 321 - 323.

91. 张康生,刘双进,赵忠宪. 有机锡污染调控对策初步分析 [J]. 中国环境科学,1996, **15**(4), 293 - 296.

92. 胡春,王圣符. 有机锡化合物的用途 [J]. 化学与粘合,1995, **3**, 160 - 163.

93. 金琼,赵军. 有机锡化合物的合成与应用 [J]. 甘肃农业大学学报, 2002, **37**(2): 232 - 236.

94. Fernando V. D. Effect of the operating conditions on the preparation of stannous octanoates from stannous oxide [J]. *Ind Eng Chem Res*, 1988, **27**(5): 845 - 847.

95. 王志刚,王志荣,周毅. 辛酸亚锡制备工艺研究 [J]. 太原工业大学学报, 1995, **26**(1): 74 - 77.

96. 于霁厚,刘淑娟,刘文彬,等. 稳定化高效 2-乙基己酸亚锡的合成 [J]. 化学与粘合,1996, **4**: 209 - 211.

97. 付尚发,大分子基及双功能团润滑添加剂设计、研制及其摩擦学性能与机理研究 [D]. 上海大学博士学位论文,2004.

98. 张立德,等. 纳米材料和结构 [M]. 科学出版社,2001.

99. Hisakado T, Tsukizoe T, Yoshikawa H. *J. Lubric. Tech.*, 1983, **105**: 45.

100. Xu Tao, Zhao Jiazheng. *J. Phys. D: Appl. Phys.*, 1996, **29**: 2923.

101. 夏延秋,冯欣,冷曦,等. 纳米级镍粉改善润滑油摩擦磨损性能的研究 [J]. 沈阳工业大学学报,1999, **21**(2): 101 - 103.

102. Hu Z. S., Dong J. X. *Wear*, 1998, **216**: 92 - 96.

103. 孙磊,周静芳,张治军,等. 季铵盐修饰磷钼酸铵纳米微粒作为液体石蜡添加剂的摩擦学性能 [J]. 摩擦学学报, 2001, **21**(3): 196 - 200.

104. 张治军. 表面修饰纳米粒子的化学制备及摩擦学行为的研究 [D]. 博士学位论文,1996.

105. 豆立新,龚华栋,吕振坚,等. 分散在润滑剂中的柔性金属微粒的摩擦学行为的实验研究 [J]. 润滑与密封,2002, **5**: 23 - 25.

106. 乔玉林,徐滨士,马世宁,等. 含纳米铜的减磨修复添加剂摩擦学性能及其作用机理研究 [J]. 石油炼制与化工,2002, **33**(8): 34 - 38.

107. Hisakado T, Tsukizoo T, Yoshikawa H [J]. *Lubric Tech*, 1983, **105**: 245 - 248.

108. 夏延秋,金寿日,孙维明,等. 纳米级金属粉对润滑油摩擦磨损性能的影响 [J]. 润滑与密封,1999, **3**: 33 - 34.

109. 周静芳,张治军,等. 油溶性铜纳米微粒作为液体石蜡添加剂的摩擦学性能研究 [J]. 摩擦学学报,2000, **20**(2): 123 - 126.

110. S Tatasov, *et al*. Study of friction by nanocopper additives to motoroil [J]. *Wear*, 2002, **252**: 63 - 69.

111. 张志梅,古乐,齐毓霖,等. 纳米级金属粉改善润滑油摩擦性能的研究 [J]. 润滑与密封,2000, **2**: 37 - 40.

112. 赵彦保,张治军,党鸿辛. 锡纳米微粒的热性能研究 [J]. 河南大学学报,2003, **33**(1): 41 - 43.

113. 赵彦保,张治军,吴志申,等. 锡纳米微粒的摩擦学性能 [J]. 应用化学,203, **20**(12): 1157 - 1160.

114. 刘月英. 环烷酸衍生物的合成与应用 [J]. 辽宁化工，1997，**26**(4)：201 - 203.
115. 岳阳石油化工研究院. 我国环烷酸资源及利用，1993. 3.
116. 石油化工科学研究院. 环烷酸及其产品发展现状和开发应用初探 [C]. 1993. 8.
117. 任凭飞. 我国环烷酸精制工艺及应用进展 [J]. 精细石油化工，2002，**5**：28 - 32.
118. 朱新生，徐文清，王发质. 新疆环烷酸及其环烷酸盐在内燃机油中的应用 [J]. 润滑油，2000，**15**(2)：43 - 46.
119. 王述银，孙新表. 环烷酸盐和石油磺酸盐在稠油开采中的应用研究 [J]. 特种油气藏，2001，**8**(3)：97.
120. 朱新生，徐文清，刘涛. 高碱值环烷酸钙在 SE 10W/30 汽油机油中的应用(环烷酸钙经济配方) [J]. 润滑油，1999，**14**(2)：26 - 32.
121. 姜皓，李恪，张景河，等. 高碱度环烷酸镁润滑油清净剂的合成 [J]. 西安石油学院学报(自然科学版)，2001，**16**(2)：32 - 38.
122. 欧忠文，刘维民，徐滨士，等. 环烷酸铅和烷基水杨酸铅的微波原位合成及其摩擦学性能 [J]. 化学物理学报，2001，**14**(4)：445 - 452.
123. Herdan J. M. Lubrication oil additive and the environment-an overview [J]. *Lubrication Science*，1997，**9**(2)：161 - 172.
124. Otto Rohr. Bismuth a new metallic but non-toxic replacement for lead as EP-additive in grease [J]. NLGI Spokesman，1993，**57**(2)：50 - 57.
125. 王汝霖. 润滑剂摩擦化学[M]. 北京：中国石化出版社，1994. 366 - 370.
126. 张玉伟，付尚发，陶德华. 几种超细粒子在半流体中的摩擦行为 [J]. 润滑与密封，2002，**6**：43 - 46.
127. Herdan J. M. Lubrication oil additives and the environment —

an overview [J]. *Lubrication Science*, 1997, **9**(2): 161 - 172.
128. 金琼,赵军. 有机锡化合物的合成与应用 [J]. 甘肃农业大学学报,2002, **37**(2): 232 - 236.
129. Fernando V. D. Effect of the operating conditions on the preparation of stannous octanoates from stannous oxide [J]. *Ind Eng Chem Res*, 1988, **27**(5): 845 - 847.
130. 王志刚,王志荣,周毅. 辛酸亚锡制备工艺研究 [J]. 太原工业大学学报,1995, **26**(1): 74 - 77.
131. 于霁厚,刘淑娟,刘文彬,等. 稳定化高效 2 - 乙基己酸亚锡的合成 [J]. 化学与粘合,1996, **4**: 209 - 211.
132. 刘巳箴,金英焕. 2 - 乙基己酸亚锡制备的研究 [J]. 吉林石油化工,1991: 12 - 14.
133. 谢庆兰,等. 羧酸三环己基锡盐的合成和结构分析 [J]. 化学学报,1988,**46**: 831 - 835.
134. 孙学增. 稳定化 2 - 乙基己酸亚锡的合成 [J]. 精细石油化工,1995,**6**: 60 - 61.
135. 王亚雄,朱玉芹. 一步法制造辛酸亚锡的方法 [P]. CN 1180691A.
136. 张建华. 有机金属复合添加剂及其摩擦学特性研究 [D]. 武汉材料保护研究所硕士学位论文. 1996.
137. 姚俊兵. 硼酸酯与油溶性铜化合物的协同抗磨及作用机理研究 [J]. 润滑与密封,1993, **5**: 32 - 35.
138. Yao J. B., Dong J. X., Xiong R. G. Antiwear synergism of borates and copper oleate [J]. *Lubrication Engineering*, 1994, **50**(9): 695 - 698.
139. Yao J. B., Dong J. X. A tribocatalysis reaction in boundary lubrication-an antiwear synergism between borates and copper oleate [J]. *Lubrication Engineering*, 1995, **51**(3): 231 - 233.
140. Ratoia M., Bovington C., Spikes H. In situ study of metal

oleate modifier additives [J]. *Tribology Letters*, 2003, **14**(1): 33 - 39.

141. 张叔良,易大年,吴天明. 红外光谱分析与新技术 [M]. 北京：中国药物科技出版社,1993：116 - 119.

142. Tripaldi G., Vettor A., Spikes H. Friction behavior of ZDDP films in the mixed, boundary/EHD regime [R]. SAE Tech. Paper 962036, 1996.

143. Wagner C. D. Handbook of X-ray photoelectron spectroscopy, Perkin-Elmer Corporation [R]. Physical elctronic division, Minnesoto, 1979.

144. 欧忠文,刘维民,徐滨士,等. 月桂酸铅的原位合成及摩擦学性能研究 [J]. 中国矿业大学学报,2001, **30**(5)：506 - 510.

145. Chahavorty D., Giri A. K. Chemistry for the 21st century [M]. London: Oxford Blacwell Scientific Publication, 1993.

146. Gleiter H. Nanocrystalline materials [J]. *Prog. Mater. Sci.*, 1991, **33**: 223 - 227.

147. 陈占恒. 稀土新材料及其在高科技领域的应用 [J]. 稀土,2000, **21**(1)：53 - 57.

148. 何忠义,刘棉玲,章家立,等. 稀土在高温摩擦中的应用研究概况 [J]. 华东交通大学学报,2001,**18**(1)：62 - 65.

149. 何忠义,刘红,夏坚,等. 稀土在润滑材料中的应用 [J]. 华东交通大学学报,1999,**16**(4)：10 - 13.

150. 连亚峰,党鸿辛. 稀土元素的摩擦学研究发展概况 [J]. 摩擦学学报, 1993, **13**：183 - 190.

151. 陈立功. 新型硫代氨基甲酸盐的摩擦化学研究 [D]. 后勤工程学院博士论文, 1996.

152. Sliney H. E. Rare earth fluorides and oxides-an exploratory study of their uses as solid lubricants at temperatures to 1 800

F(1 000℃). NASA TND-531, 1969.

153. 聂明德,杨伯渲,连亚峰. 全国第五届摩擦学年会论文集,1992.

154. Dumdum J. M., Aldorf H. E., Barnum E. C [J]. *NLGI Spokesman*, 1984, **4**: 11.

155. Lu J. J., Xue Q. J., Ouyang J. L. Thermal property and tribological characteristic of CeF3 compact [J]. *Wear*, 1997, **211**: 15-21.

156. Lian Y. The tribological properties and extreme pressure mechanism of rare earth dialkyldithiophosphate as grease additives [J]. *Wear*, 1996, **196**: 185-192.

157. Liu W. M., Gao C. Z., Zhang Z. F. Tribological properties of aluminum-on-steel system under the lubrication of grease containing a complex of lanthanum N-salicylidene derivative of malonic dihydrazide [J]. *Wear*, 1996, **186**: 234-237.

158. 梁起. $La_2(C_2O_4)_3$ 纳米微粒的摩擦学性能[J]. 化学通报, 1999, **6**: 48-51.

159. Chen G. X., Dong J. X., He J. Z., *et al*. Preparation and tribological properties of nanoparticle lanthanum borate [J]. *Wear*, 2000, **243**: 43-47.

160. Qiu S. Q., Dong J. X., Chen G. X. A review of ultrafine particles as antiwear additives and friction modifiers in lubricating oils [J]. *Lubrication Science*, 1999, **11**(3): 217-226.

161. 于旭东,杨俊伟,王成焘,等. 活塞与活塞环表面稀土自润滑摩擦学改性研究 [J]. 摩擦学学报,2002, **22**(5): 364-367.

162. 阚存一,刘近朱,张国威. 稀土氧化物或合金化元素对 Ni-Cr-5S 合金的物理机械性能和摩擦学性能的影响 [J]. 摩擦学学报, 1994, **14**(4): 289-297.

163. Sliney H. E. Rare carth fluorides and oxides-an expoloratory

study of their uses as solid lubricants at temperatures to 1 800F (1 000℃) [J]. NA SA, TND-5301, 1969.

164. 马臣,李慕勤,邵德春,等. CeO_2 对等离子喷涂 Al_2O_3 涂层抗热震性的影响 [J]. 中国稀土学报,1998, **16**(2): 143－148.

165. 徐进,朱昊,周仲荣. 稀土表面工程及其摩擦学应用的研究现状 [J]. 中国表面工程,2001,**50**(1): 20－23.

166. Moon D. P. Role of reactive element in alloy protection [J]. *Materials Science and Technology*, 1989, **5**: 754－765.

167. Peng J., Dong H., Bell T., *et al*. Effect of rare earth elements on plasma nitriding of 38CrMoAl steel [J]. *SurfaceEngineering*, 1996, **12**(2): 147－149.

168. Shen Guangqiu, Zheng Zhi, Wan Yong, *et al*. Synergistic lubricating effects of borate ester with heterocyclic compound [J]. *Wear*, 2000, **246**: 55－58.

169. 颜志光. 新型润滑材料与润滑技术实用手册 [M]. 北京: 国防工业出版社,1999: 769－772.

170. Hisakado T. Tsukizoe T., Yoshikawa H. [J]. *J. Lubric. Tech.*, 1983, **105**: 45.

171. Xu Tao, Zhao Jiazheng. *J. Phys. D: Appl. Phys.*, 1996, **29**: 29.

172. 孙磊,周静芳,张治军,等. 季铵盐修饰磷钼酸铵纳米微粒作为液体石蜡添加剂的摩擦学性能 [J]. 摩擦学学报,2001, **21**(3): 196－200.

173. 张治军. 表面修饰纳米粒子的化学制备及摩擦学行为的研究 [D]. 博士论文,1996.

174. 陈鹏万,郓寿榕. 等. 超硬材料与工程,1997, **3**: 1－5.

175. 沈明武,雒建斌,温诗铸. 金刚石纳米颗粒对薄膜润滑性能的影响 [J]. 机械工程学报,2001,**1**: 14－18.

176. Dong J. X., Hu Z. S.. *Tribology International*, 1998,

31(5)：219－223.

177. 叶毅，董浚修，陈国需，等. 纳米硼酸盐的摩擦学特性初探［J］. 润滑与密封，2000，**4**：20－21.
178. 胡泽善，王立光，黄令，等. 纳米硼酸铜颗粒的制备及其用作润滑油添加剂的摩擦学性能［J］. 摩擦学学报，2000，**20**(4)：292－295.
179. 陶小军，周静芳，张治军，等. 表面修饰 LaF3 纳米微粒的制备及表征［J］. 化学研究，2000，**11**(3)：8－11.
180. 梁起，张治军，薛群基，等. LaF_3 纳米微粒的摩擦学行为研究［J］. 稀土，1999，**4**：32－35.
181. Hu Z. S.，Dong J. X.，*et al*. *Wear*，2000，**243**：43－47.
182. 刘维民，薛群基，周静芳，等. 纳米颗粒的抗磨作用及作为磨损修复添加剂的应用研究［J］. 中国表面工程，2001，**3**：21－29.
183. 司民真，武荣国，李世荣. 纳米银的制备及有关光学性质简介［J］. 楚雄师专学报，1997，**14**(3)：4－8.
184. 张志梅，韩喜江，孙淼鑫. 纳米级铜粉的制备［J］. 精细化工，2000，**17**(2)：69－71.
185. 张玉伟. 几种粒子纳米化前后的摩擦学特性研究［D］. 上海大学硕士学位论文，2003.
186. 王鹤寿. 纳米固态润滑剂的研制和摩擦学性能研究［D］. 上海大学博士学位论文，1999.
187. Xue Qunji，Liu Weimin，*et al*. *Wear*，1997，**21**：29－32.
188. 乌学东，王大璞，张信刚，等. 表面修饰纳米粒子的摩擦学性能［J］. 上海交通大学学报，1999，**2**：224－227.
189. 高永建，张治军，薛群基，等. 油酸修饰 TiO_2 纳米微粒水溶液润滑下 CCr15 钢摩擦磨损性能研究［J］. 摩擦学学报，2000，**2**：22－25.
190. Zhang Zefu，Yu Laigui，*et al*. *Tribology International*，2001，**34**：83－88.
191. 张志梅，古乐，齐毓霖，等. 纳米级金属粉改善润滑油摩擦性能的

研究 [J]. 润滑与密封,2000,**2**: 37 - 40.

192. 党鸿辛,赵彦保,张治军. 铋纳米微粒添加剂的摩擦学性能研究 [J]. 摩擦学学报,2004, **24**(2): 185 - 187.

193. 赵彦保,张治军,吴志申,等. 铅纳米微粒用作油性润滑的摩擦学性能研究 [J]. 化学物理学报,2004, **17**(2): 171 - 174.

194. 马剑奇,王晓波,付兴国,等. 油溶性 Cu 纳米微粒作为 15W/ 40 柴油机油添加剂的摩擦学性能研究 [J]. 摩擦学学报,2004, **24**(2): 134 - 137.

195. 郭延宝,许一,徐滨士,等. 纳米铜粉作润滑油添加剂时的"负磨损"现象研究 [J]. 中国表面工程,2004, **65**(2): 15 - 17.

196. Wagner C. D. Handbook of X-ray photoelectron spectroscopy, Perkin-Elmer Corporation, Physical Electronic Division, Minnesoto, 1979.

197. 王汝霖. 润滑剂摩擦化学 [M]. 北京: 中国石化出版社,1994: 154 - 156.

198. 郝郑平,翁端,沈美庆,等. 我国机动车排放污染控制与稀土催化剂的应用 [J]. 稀土,2000, **21**(3): 74 - 77.

199. 刘长林. 稀土在汽车尾气净化中的作用 [J]. 稀土,1995, **16**(4): 57 - 59.

200. 王亚军,冯长根,王丽琼,等. 稀土在汽车尾气净化中的应用 [J]. 工业催化,2000, **8**(5): 3 - 7.

201. 张汝冰,刘宏英,李凤生. 纳米材料在催化领域的应用及研究进展 [J]. 化工新型材料,1999, **27**(5): 3 - 5.

202. Koltasakis G. C., Konstantinidis P. A., StamatelosA. M. Development and application range of mathematical models for 3-way catalystic converters [J]. *Applied Catalysis B: Environmenta* l, 1997, **12**: 161 - 191.

203. 欧忠文,徐滨士,等,磨损部件自修复原理与纳米润滑材料的自修复特性构思 [J]. 表面技术,2001,**30**(6): 47 - 53.

204. Dong J., Chen G. A new concept-formation of permeating layers nonactive antiwear additives[J]. *Lubr. Eng.*, 1994, **50**: 17.

致 谢

本论文是在陶德华教授、赵源教授两位导师的悉心指导下完成的. 两位老师渊博的知识、丰富的经验、严谨的作风使我受益匪浅,衷心感谢他们对我的谆谆教导和亲切关怀.

在三年的学习生活中,我要特别感谢蒋小妹老师和付尚发博士给予的大力支持和无私帮助,同时也要感谢胡勤裕教授、韦习成博士、张建华博士给予的指导和帮助.

上海宝钢工业检测公司的总经理张克南博士、总经理助理杨大雷先生、贝聿仁经理、夏放高工、万年红高工、施益诚高工和李政勇先生都曾经给予我大力支持和帮助,上海计量测试院的邹惠良高工在表面分析方面给予了本人很多的指导,上海大学化学系曹卫国教授在有机合成与分析方面同样给予了很大的帮助,在此一并表示感谢.

特别要对三年来一直默默地支持我学习和工作的家人表示感谢!

同时感谢实验室全体同学以及所有曾经给予我帮助的人!

谢谢!

刘仁德

2004 年 11 月